菌菇杂记

本书获得河北省高等学校人文社会科学重点研究基地、河北农业大学乡土文化与乡村治理研究中心支持。

河北农耕文化『小镰刀』丛书

河北省农业农村厅 编

菌菇杂记

王琰琨 宋伟华 王金峰 主编

河北大学出版社·保定

菌菇杂记
JUNGU ZAJI

出 版 人：刘相美
责任编辑：何 东
特约编辑：赵彩霞
装帧设计：杨艳霞
责任校对：刘景坤
责任印制：常 凯

图书在版编目（CIP）数据

菌菇杂记 / 王琰琨，宋伟华，王金峰主编. -- 保定 ：河北大学出版社，2025. 3. -- ISBN 978-7-5666-2609-7

Ⅰ. S646-49

中国国家版本馆 CIP 数据核字第 2025M8Y058 号

出版发行：河北大学出版社
地址：河北省保定市七一东路 2666 号 邮编：071000
电话：0312-5073019 0312-5073029
邮箱：hbdxcbs@163.com 网址：www.hbdxcbs.com
经 销：全国新华书店
印 刷：保定市正大印刷有限公司
幅面尺寸：160 mm × 220 mm
印 张：14.25
字 数：200 千字
版 次：2025 年 3 月第 1 版
印 次：2025 年 3 月第 1 次印刷
书 号：ISBN 978-7-5666-2609-7
定 价：68.00 元

序

在“十四五”规划的收官之年、河北省农业品牌建设中心成立六周年之际，河北农耕文化“小镰刀”系列丛书之三《菌菇杂记》和广大读者见面了。

这是2017年以来，继河北农耕文化“小镰刀”系列丛书《小米故事》《栗子史话》出版后，我省农业品牌建设的又一文化成果。

自从农业农村部决定将2017年确定为农业品牌推进年，河北省农业农村厅加快培育了一批具有较高知名度、美誉度和较强市场竞争力的农业品牌，为加快建设经济强省、美丽河北作出了应有贡献。品牌创建活动激发了全社会参与农业品牌建设的积极性和创造性，河北农耕文化“小镰刀”系列丛书的构思和出版发行，就是一个生动的例证。

河北省农业品牌建设中心成立以来，先后对我省在全国独一无二、数一数二的特色农产品，进行了有计划、有步骤、有力度的文化宣传和包装推介，使燕赵大地独有、特有、富有的农业品牌不断增加历史文化的厚重感。《小米故事》《栗子史话》相继出版，不仅在客观上推动了我省品牌小米、京东板栗的价格溢出，还与涉县旱作石堰梯田、宽城板栗传统栽培系统等全球重要农业文化遗产的成功申报，共同丰富了我省农业品牌不断走向世界的文化内涵。

世界上最初的食用菌生产，采用砍树砍花的自然接种法，选择自然生长香菇、木耳等较多的树林，砍伐树木暴露于林中，等待自然接种。20 世纪初，美国发明了双孢蘑菇标准化菇房，欧美兴起双孢蘑菇标准化栽培；30—40 年代，中国、日本、韩国等代料栽培起步；60 年代，我国菌种制备技术开始成熟，双孢蘑菇、香菇的人工接种成功并获得较高的产量；70 年代初，人工接种技术开始推广。菌种制备和人工接种技术的不断成熟和推广应用，加快了我国野生食用菌的驯化和栽培种类的丰富。

从生产技术看，食用菌经历了砍花法栽培、段木栽培、代料栽培、工厂化栽培等阶段；从栽培设施看，经历了仿野生栽培、露地栽培、棚室设施栽培、智能菇房栽培等阶段；从经营方式看，经历了一家一户庭院经济、合作制袋分户栽培、园区式企业经营、分工协作产业化运营等阶段；从产品开发看，经历了采摘野生、鲜食干制、冷链物流、系列产品精深加工等阶段。随着生产方式的转变和栽培技术的进步，我国食用菌产业规模不断扩大，种植效益大幅度提高。近 30 年来，我国食用菌产业发展经历了 3 个阶段：1992 年至 2002 年是发展壮大阶段，2003 年以后进入规范发展阶段，2016 年至今是规模和效益双提升阶段。

我国有6000年以上的食用菌采摘、食用和生产历史。据有关方面统计，2021年我国食用菌产量占世界总产量的75%以上，已成为名副其实的食用菌生产、消费大国。我国食用菌种质资源丰富，常规栽培种类有70—80种，如香菇、黑木耳、平菇、双孢菇、金针菇、杏鲍菇和灵芝等。截至2021年，我国食用菌总产量已达4133.96万吨，食用菌产区遍布各省（自治区、直辖市），河南省、福建省、河北省食用菌产量位列全国前三。

河北因诸多地貌特征和气候类型，为发展不同档次和品种的食用菌产品提供了得天独厚的自然环境。河北食用菌产业经历了从野生采摘到人工代料栽培，从零星分散栽培到集中规模化发展，从菇棚季节性生产到工厂化周年生产，从出口创汇为主到国内鲜食、加工、出口并举的发展历程。我省之所以大力发展食用菌产业，主要基于以下几方面原因：

食用菌是食品安全的重要组成部分。现代菌物产业对保障食物安全有五大功能：一是食物功能，菌物是“一荤一素一菇”新型膳食结构的重要组成部分，有利于保障食物数量和多样性需求；二是生态功能，食用菌是来自“三物循环”的生态产品，菌物产业是环境友好型产业，有利于优化食物生产生态环境；三是健康功能，食用菌具有低热量、高蛋白、高膳食纤维、多营养要素（维生素和矿物质）的营养价值，一些食药同源的食用菌有利于身体健康；四是应急功能，食用菌生产不受农时制约，任何时候、任何地方只要有菌种都可种植，几天就可长出，成为一种应急食品，且其干品保质期在一年以上；五是可持续功能，食用菌不仅节地节粮，还节水节能。生产同比例干物质，比如水稻、小麦、玉米，食用菌用水量只是它们的几百分之一。生产 1 公斤双孢菇，只消耗不到 2 千瓦时能量。

食用菌是绿色低碳农业的代表。食用菌具有“五不争”的特点：一是“不与人争粮”，其生长所需的营养主要来自富含木质素、纤维素、半纤维素等的农林废弃物，这些物质并非人类的粮食来源，所以不存在与人类争夺粮食的情况；二是“不与粮争地”，其栽培场地可以是闲置房屋、大棚、林地、窑洞等，不占用用于种植粮食作物的耕地，能在有限的土地资源下实现与粮食生产的互补；三是“不与地争肥”，其生长主要利用的是农业废弃物中的营养成分，不会与粮食作物争夺土壤中的养分；四是“不与农争时”，其栽培可根据不同品种和不同地区的气候条件，错开农忙季节，灵活安排生产时间；五是“不与其他行业争资源”，食用菌产业所需的原料和生产设施相对简单，不需要与其他工业或农业产业争夺大量的资金、能源和原材料等资源，具有较强的独立性和适应性。这“五不争”有利于我们坚守 18 亿亩耕地的红线，充分体现了农业绿色低碳发展的广阔前景，是一个不折不扣的朝阳产业、绿色产业。

食用菌产业是脱贫攻坚和乡村振兴的重要产业。据统计，在国家扶贫开发工作重点县中，把食用菌作为主导产业的县占比达70%以上。在这些国家扶贫开发工作重点县全面推进乡村振兴的过程中，食用菌产业也必将发挥更大的作用。以阜平县为例，该县自2016年将食用菌定位为扶贫支柱产业，进行大力扶持，经过近10年的发展，食用菌种植面积已达到2.1万亩，年产量6万吨，产值近10亿元，仅这一个产业直接带动群众15 438户38 350人，年增收3.5亿元，实现户均增收2万元以上，真正使“小香菇”变成了“致富菇”。

面对日益严峻的国际粮食安全危机，作为我国食用菌生产大省，河北省食用菌产业将朝着规模化、科技化和品牌化方向深度发展，在国内外市场上构筑起自身的竞争优势。基于此，在做好栽培技术硬实力提升的同时，我们还要做好文化软实力建设，形成我省食用菌品牌产品产业优势和文化优势两翼齐飞的局面。《菌菇杂记》这部书用“千古美菌源何处”“中外名菌群荟萃”“暗藏杀机的毒蘑菇”“天下谁人不食菌”“菌菇诗词雅赏”“菌菇轶事拾遗”等六个章节，以通俗易懂兼具文学色彩的语言、图文并茂兼具自然科普的形式，向读者讲述有关食用菌的发展历史、代表性菌类、饮食文化、诗词美文、故事传说等内容，带读者走进了一个不用去山野似乎也能看得见、采得着、闻得到的食用菌世界。出版《菌菇杂记》一书是对我省食用菌产业发展的一次强有力的文化助攻，是让更多河北的食用菌产品“冀在心田”变成

“记在心田”，让更多的河北食用菌品牌产品从“天下谁人不识君”变成“天下谁人不食菌”的有力举措。

让更多人把河北食用菌从“冀在心田”变成“记在心田”，必须把握正确方向。将军赶路，不追小兔。河北省农业品牌建设目前最需要做的，就是促进产业发展，促进农产品销售，促进农民和各类经营主体增收这三件事，这就是我们品牌工作的试金石，是一切品牌工作的出发点。北京 2500 万人，农产品自给率不过 20%，其余 80% 哪里来？外来。为什么我们河北农业这些年形势比较好，就是因为品牌产品卖得好，在北京卖得好。北京是河北农产品销售的头号市场，我们稳住一头，还要放活一片。这几年，我们持续搞农产品万里行，北上广深、成都、陕西我们都去打河北农业品牌的知名度。品牌有打造的成分，但也是产业发展到一定程度自然产生的，没有企业就没有产业，没有好企业就没有好品牌，这是真知灼见。

让更多人把河北食用菌从“冀在心田”变成“记在心田”，必须要讲究科学性。这几年我们选了 100 多个区域公用品牌，确实形成了千帆竞发、百舸争流的局面，但是抓农业品牌建设，还要注意五个要素：第一基于产业发展，第二源于中华农耕文化，第三强于科技创新，第四兴于资源整合，第五归于农民增收。所以，具备这五个要素的品牌，我们要给它们唱赞歌、鼓掌，给它们大力支持。

让更多人把河北食用菌从“冀在心田”变成“记在心田”，必须进一步加强农业品牌的研究。品牌方向性的研究，要交给高等学校和研究机构，要有人专门从事这方面的研究，为我们提供理论支撑，我们支持河北农业大学搞这个研究。品牌是个帽子，支撑品牌的人和品牌内涵才更重要。古人讲“功夫在诗外”，把品牌前后相关的内在逻辑研究透了更重要。这些研究透了，品牌就会瓜熟蒂落。所以我们建议，将咱们的研究整合起来，我们有农村经济的研究、产业研究、产品研究、流通研究，这些东西都是品牌的支撑内容；我们应加强系统思维和创新思维，比如说我们的板栗，京东地区几个县市各自为战，都不愿意叫河北板栗，我们就要研究里边的规律性，我们还要瞄准河北独有、特有、富有的优质农产品。富有是说我们省最多，量最大，比如说梨，全国 60% 的产量在咱们这儿，我们是最大的资源省份，就拥有定价权、有话语权；就如同蓬勃发展的阜平香菇，如果没有规模优势和品牌优势，阜平香菇的定价权就不可能掌握在阜平菇农手中。

让更多人把河北食用菌从“冀在心田”变成“记在心田”，必须大力支持农业品牌企业。像烟台苹果、五常大米等许多农产品都名声在外，可消费者在购买时依然茫然，就是因为缺乏一个品牌产权清晰、市场经营有力的企业主体。正如好想你集团成就了新郑红枣，仲景香菇酱成就了西峡香菇，地方政府必须立足产业基础，选择区域内有潜力的企业予以全方位扶持，尤其是要赋予产品强有力的文化竞争力，将产地价值、产业价值、文化价值转化为品牌价值，通过农业企业的跃升带动产业的高质量发展。

搞好食用菌产业，是跑好“后脱贫时代”乡村全面振兴接力赛的需要，是充实国人“粮袋子”“菜篮子”和“肉盘（碟）子”、提升生活品质的需要，对发展低碳农业、循环经济等亦有重要价值。随着产业、科技、文化传承等综合施策，随着未来我国食用菌产业链变革和文化建设的发展，我省一定会从食用菌大省向强省转变，“天下谁人不识君”的问号，一定会变为“天下人人皆食菌”的感叹号！

但愿《菌菇杂记》的书香和我省优质食用菌的菌香，伴随着我省食用菌产业的迅速发展，飘香全国，飘香世界。

编委会

2025 年 5 月 10 日

目录

第二章　中外名菌群荟萃

第三章　暗藏杀机的毒蘑菇 —— 75

第四章　天下谁人不食菌 —— 97

第五章　菌菇诗词雅赏 119

第一章　千古美菌源何处

食用菌的定义

食用菌，俗称“蘑菇”，古代曾用“蕈”“菰”“芝”“耳”等名称记载，包含食用真菌和药用真菌两类。广义的食用菌指一切可被人类食用的真菌，既包括肉眼可见的大型食用真菌，如平菇、香菇、金针菇等，也包括肉眼难以看清的小型食用真菌，如酵母菌、脉孢霉、曲霉等。狭义的食用菌一般指能够形成大型肉质、胶质籽实体或菌核类组织，如肉质的杏鲍菇、草菇，胶质的银耳、

滑子菇

木耳、金耳，以及菌核类的茯苓、猪苓、雷丸等。

据相关统计，世界上已被描述的真菌达 12 万余种，食用菌属于大型真菌，为真菌门中的担子菌门，有 2300 余种。古代，人类的食用菌全部来源于野生环境。经过几千年对食用菌形态、生境、习性的观察，人类逐步探索出食用菌的驯化栽培技术。截至目前，已有 200 余种食用菌可以试验性培养，100 余种可以人工栽培或培养，60 余种已实现商业化栽培，近 20 种已实现规模化商业栽培。

食用菌的近代栽培史

欧美国家应用近代农业或微生物学的技术方法栽培食用菌的时间要远远晚于其他农作物。1600 年，法国实现了双孢蘑菇的人工栽培，并将其作为皇室园艺技术严格保密。1905 年，Duggar 发明并公布了双孢蘑菇的菌种纯培养方法，实现了严格意义上的近代科学方法栽培。1932 年，Sinden 发明了双孢蘑菇谷粒种的菌种制作技术。在纯菌种和谷粒种的基础上，20 世纪 30 年代末，标准化菇房在美国诞生，纯菌种、谷粒种、标准化菇房极大地促进了双孢蘑菇产量的提高，推动了欧美国家食用菌生产的工业化、集约化和产业化进程。20 世纪 60 年代中后期，欧美双孢蘑菇形成了菌种和栽培的明确专业分工，实现了栽培工业化。目前，欧美栽培和出口食用菌的国家主要有美国、荷兰、波兰、西班牙、法国、意大利、爱尔兰、英国、德国、丹麦等。

在亚洲，日本的食用菌栽培技术起步早，产量较大。20 世纪 50 年代，日本以椴木香菇的人工纯菌种技术、人工接种技术和科学化的栽培管理，引领世界香菇产业发展达半个世纪之久。20 世纪 70 年代初，日本完成瓶栽模式的木腐菌工厂化栽培技术的研发并投入生产。到 2000 年，日本工厂化栽培食用菌种类从金针菇一种逐渐增加到滑菇、灰树花、杏鲍菇、白灵菇、斑玉蕈、离褶伞、香菇等数种，

林下种植食用菌

成为木腐食用菌工厂化技术领先的国家。目前，除中国和日本外，亚洲栽培和出口食用菌量较大的国家还有韩国、越南、泰国、印度尼西亚、印度、马来西亚等。

在非洲，纳米比亚、赞比亚、坦桑尼亚、肯尼亚、埃及等国近年也陆续开始了食用菌的生产，其高端市场需要的双孢蘑菇工厂化的成套栽培技术引自欧美，而农业式的栽培多数是糙皮侧耳，栽培技术引自我国。

犹如近代工业文明从西方传入东方一样，世界食用菌产业中心也由西方向东方渐次转移。20 世纪 70 年代以前，世界食用菌产业主要集中在荷兰、德国、法国、英国、意大利、美国等欧美发达国家，产品几乎为单一的双孢蘑菇。1974 年，第九届国际食用菌大会在日本召开，香菇、糙皮侧耳、滑菇、金针菇等多种食用菌栽培技术及其产品得以推出，欧美独占鳌头的产业格局开始动摇，产业逐步向日本、韩国、中国等东方国家转移。20 世纪 70 年代末，我国食用菌产业进入快速发展期。1987 年，我国香菇产量超过日本；1990 年，我国食用菌产量占全球总产量的 28.8%；至 2019 年，这一比例超过 80%，我国成为世界上食用菌生产和出口第一大国。

中国悠久的食用菌栽培史

我国作为世界四大文明古国之一，勤劳智慧的先民早在新石器时代就已经开始采食蘑菇。大量资料充分显示，中国是最早认识和利用食用菌的国家。郭沫若《中国史稿》中记述，仰韶文化时期（距今约7000 — 5000年）中国人就已经采食蘑菇了。1977年，浙江余姚县河姆渡村的考古出土物中就有菌类，这说明中国采食食用菌的历史至少有6000年了。

先秦典籍提及菌类的表述颇为丰富，如“朝菌不知晦朔，蟪蛄不知春秋”（《庄子·逍遥游》）；“朽壤之上，有菌芝者，生于朝，死于晦”（《列子》）；“味之美者，越骆之菌”（《吕氏春秋·本味篇》）；《山海经》中还有关于炎帝幼女“瑶姬”精魂化“芝草”的神话故事。

西汉成书的《神农本草经》将灵芝列为上品，并把灵芝详细分为六芝（赤芝、黑芝、青芝、白芝、黄芝、紫芝），认为“久食，轻身不老，延年神仙”，同时也记载了一种毒蘑菇——雚（guàn）菌。《尔雅》描绘了菰籽和茭白的美味：“邃蔬似土菌生菰草中，今江东啖之甜滑。”东汉王充的《论衡》一书记载了紫芝的栽培方法——“芝生于土，土气和而芝草生”，并说“紫芝之栽如豆”。

西晋张华《博物志·异草木》记载蘑菇可食，但毒性也很强：

白灵芝

“江南诸山群中，大树断倒者，经春夏生菌谓之椹，食之有味，而每毒杀人。”东晋葛洪的专著《芝草图》将芝类分为石芝、土芝、草芝、肉芝、菌芝等五大类，每大类又分几百种。北魏农学家贾思勰所著《齐民要术·素食篇》中详细介绍了木耳菹的做法。

隋朝描写温州永嘉风物的《山蔬谱》中有香菇的记载：“永嘉人，以霉月断树，置深林中，密斫之，蒸成菌，俗名香菇，有冬春二种，冬菇尤佳。”《隋书·经籍志》有“种神芝书卷”。唐代《酉阳杂俎》有竹荪的记载：“竹林吐一芝，长八寸，头盖似鸡头实，黑色，其柄似藕柄，内通干空，皮质皆洁白，根下微红。”苏恭等人著的《唐本草注》中记载了“煮浆粥安诸木上，以草覆之，即生蕈尔”的原始木耳栽培法。韩鄂编的《四时纂要》比较详细地叙述了用烂构木及树叶埋在畦床上栽培构菌的方法：“取烂构木及叶，于地埋之。常以泔浇令湿，两三日即生。”又法：“畦中下烂粪，取构木可长六七尺，截断槌碎。如种菜法，于畦中匀布，土盖。水浇长令润。如初有小菌子，仰杷推之，明旦又出，亦推之。三度后，出者甚大，即收食之。”

宋代陈仁玉撰写了《菌谱》，主要记载了松蕈、竹菌、鹅膏菌、北方的蘑菇、灵芝、茯苓等 11 种大型真菌，对它们的形态、生长习性和风味等做了精辟的论述。该书比欧洲最早的一部同类专著早 351 年。明代藩之恒著有《广菌谱》，书中记述了 119 种食用菌，生长区域覆盖云南、安徽、广西、湖南、山东、江西等九省，可见当时食用菌已经成为人们生活饮食中最为常见的美味佳肴之一了。

香菇栽培起源于浙江庆元、景宁、龙泉一带。宋代吴煜（吴三公）发明了砍花栽培法，随之又发明了“敲木惊蕈”促菇技术，后人将其尊奉为“香菇之祖”。据《广东通志》记载，草菇栽培起源于我国广东韶关的南华寺。

银耳是我国特有的传统栽培菌类，起源于四川通江。据记载，通江银耳至少在清同治四年（1865）已有大规模人工栽培。为了保护银耳的生态环境，1898 年银耳农组织的耳山会立下“银耳碑”，规定不准在耳林中放牛割草、打猎采集、铲山灰和烧荒。

迅速发展的河北食用菌

河北省属温带大陆性季风气候，据《河北省野生大型真菌原色图谱》[1]记载，已查明河北省境内野生菌包括16目、49科、137属、525种。

元代有咏河北地区“沙菌”（塞外口蘑）的词篇，清代则有了大量关于河北地区栽培食用菌的记载。河北省食用菌产业经历了从野生采摘到人工代料栽培，从零星分散栽培到集中规模化发展，从菇棚季节性生产到工厂化周年生产，从出口创汇为主到国内鲜食、加工、出口并举的发展历程。

燕山地区是河北省野生食用菌采摘、加工、出口的主产地。该区初步查明的大型真菌有近500种，分属担子菌和子囊菌的37个科、67个属，已判明有食用菌142种、药用菌83种，尤以平泉市、承德县为盛，主要品种有黄花松茸（松蘑）、红顶松菇、红蘑（肉蘑）、榛蘑、牛肝菌（大腿菇）、鸡油菌（杏黄蘑）、珊瑚菌（扫帚蘑）、喇叭张、草蘑、鸡腿菇、木耳、羊肚菌等10余种。

太行山地区野生食用菌品种与产量居燕山地区之后，多集中

① 王立安、通占元编著《河北省野生大型真菌原色图谱》，科学出版社2011版。

肉蘑

分布在河北、山西交界的森林资源丰富的深山区。该区初步查明的大型真菌有200余种，分属担子菌和子囊菌的31个科、56个属，有食用菌73种、药用菌39种。

盛产于坝上高原的塞外口蘑在元代时当地牧民即有采食，明、清时期被列为地方贡品。1958年，郭沫若在张家口视察时曾口赞七绝一首："口蘑之名满天下，不知缘何叫口蘑，原来产在张家口，口上蘑菇好且多。"该区初步查明有大型真菌100多种，分属担子菌和子囊菌的12个科、27个属，已判明的食用菌有32种、药用菌8种。

由于多农田，平原及沿海地区的林场、路边林区、沟河两岸及公园里有少量野生菌，但多为不宜食用的种类，且以鬼伞科种类为最多。

经过改革开放40多年的发展，食用菌栽培技术也日新月异，河北的食用菌产业走上了快速发展的道路，形成了以平泉花菇、滑子菇，唐县杏鲍菇，遵化和阜平香菇，灵寿金针菇，冀州姬菇，迁西栗蘑，冀南平菇，坝上口蘑等一批规模较大、实力较强的国内外知名的特色产区，并培育了以“森源”“瀑河源”“京美”“菇芳源”“老乡菇”“盛吉顺”“久丰”“国煦”等为代表的知名食用菌企业品牌。据统计，2018年河北省食用菌产量约300万吨，占全国总产量的10%，位列河南省、福建省、山东省、黑龙江省之后，排名全国第五，产值超过200亿元，仅次于河南省，排名全国第二，已然成为名副其实的全国食用菌生产大省和强省。

中国食用菌之乡——平泉

平泉食用菌产业发展始于20世纪70年代，该市（县）委、市（县）政府充分发挥平泉独有的气候、资源和人文优势，坚持发展绿色生态产业的战略定位，带领全市（县）菇农40年如一日坚持不懈培育、发展食用菌产业，已形成涵盖品种选育、良种繁育、生产栽培、储藏运销、产品加工、综合利用和技术服务的完整食用菌产业体系。至2020年底，该市食用菌生产面积达6.5万亩、6.8亿棒，产量62万吨，从业人数达12万人；有科技创新共享服务平台15家，菌种厂18家，物资供应商30余家，包装、物流、装备制造、加工等企业45家，建设了中国北方食用菌交易市场、中华蘑菇云大数据平台，打造了线上、线下相融合的交易渠道，实现了“一产为基、接二连三”的产业发展战略。全产业链产值达到80亿元，产业综合实力位居全国县级第一。

为全面推行食用菌标准化生产，平泉按照“高标准起步、高水平建设、高速度发展、高效益示范”的原则，采取“统一租地、统一规划、统一标准、统一政策扶持、统一原辅料供应、统一技术指导、统一产品销售、分户生产管理”的“七统一分”模式，先后建标准化食用菌园区20多个，占地1500亩，总量达100万平方米，加快了全市食用菌标准化生产步伐。目前，平泉基地标准化生产覆盖率超过60%，被国家标准委确定为第五批国家农业标准化示范区项目——国家级食用菌生产标准化示范县。

平泉在产业发展及标准化的推广普及过程中，注重加强品牌建设，抓好农产品产地认定和质量认证，引导龙头企业加快国内外质量环境管理体系的认证、食品加工企业通过QS食品安全认证，加速绿色食品、有机食品认证工作的推进，努力增强食用菌产品的市场知名度和消费者信任度。目前，平泉的食用菌产品已热销美、日、韩等30多个国家和地区，年创汇近千万美元。培育打造了“森源”“润隆”“乾岁”“三棵树”等知名品牌。

平泉还是全国最大的优质香菇生产基地。“平泉香菇”以圆整肉厚、面光色好、滑润清香、耐贮藏等特色享誉海内外。“平泉香菇”“平泉滑子菇”是首批河北省十佳名优农产品区域公用品牌，先后通过农业部农产品地理标志认证、国家质检总局生态原产地认证和国家商标局地理标志证明商标，2017年在国家质量监督检验检疫总局开展的品牌价值评价活动中，“平泉香菇”地理标志品牌价值达13.36亿元。2018年获“中国好香菇”称号。2019年入选中国区域农产品品牌目录300强，品牌价值达20亿元。

平泉香菇标志

中国香菇之乡——遵化

位于燕山南麓的河北省遵化市，是中国北方最重要的食用菌生产基地之一。遵化地处北纬40°左右，野生菌类虽多，气候却不适合有着“菌类灵芝草”美誉的香菇的生长。但敢为人先的遵化人却抓住了20世纪90年代“南菇北移”的产业发展先机，集中力量开展科研攻关，利用太阳能温室栽培技术破解了香菇不适宜在北方大面积栽培的难题，让小香菇落户遵化，逐渐发展成为闻名全国的香菇产业基地，并先后获得“中国香菇之乡”“全国食用菌产业化建设示范县”“全国食用菌优秀主产基地县”等诸多称号。

小香菇，大产业。近年来，遵化市委市政府把以香菇为主的食用菌产业作为调整农业结构、发展现代农业、推动乡村振兴的主导产业之一，在资金、技术、配套设施建设等多个方面为农户提供优质服务，实现了规模化、集约化、标准化发展。目前，该市有18个乡镇、100多个村、9 000多户、6万多人从事食用菌产业化经营，温室菇棚12 000座，香菇种植规模达3亿棒，拥有香菇绿色认证68.67公顷、地理标志香菇产品550公顷，年产香菇30万吨，年产值25亿元，并已逐步形成“香菇为主、多菌发展”的格局。

遵化香菇之乡

遵化市起草制定了全国第一个综合性香菇生产标准——《北方香菇综合标准》规范菇农的生产行为，从菌种引进、菌棒生产栽培、采摘、销售逐步形成了一整套符合市场要求、规范科学的操作规程，保证食用菌的标准化生产。遵化市还建立了 5 个市级农产品质量安全检测中心和 10 个乡镇级农产品质量安全检测站，采取常态化监督抽查、专项整治等举措进行监管，提升遵化香菇的品牌效益和核心竞争力。

遵化市食用菌产业获得了诸多成绩：

1996 年，河北省委省政府在遵化市召开农业产业化现场会，将遵化香菇南菇北移典型推向全省及黄河以北地区五省两个直辖市；

1997 年，遵化市主持的第一个“北方日光温室袋料育花菇技术”科研课题项目通过河北省农业专家鉴定；

1999 年，遵化鲜香菇被河北省农业厅、技术监督局、林业局等七部门联合评为河北省名优产品；

2001 年，遵化市食用菌研究所被中国食用菌协会评为“全国食用菌先进科研单位”；

2006 年，遵化市成为我国北方最大的食用菌生产基地之一，成功注册“宝伞”牌食用菌商标；

2008 年，遵化市被中国食用菌协会命名为“中国香菇之乡”；

2009 年，遵化市成功举办第五届中国国际食用菌烹饪大赛；

2010 年，遵化市“全国食用菌生产加工标准化示范区”项目通过国家级验收；

2012 年，遵化市平安城镇被农业部命名为第二批“全国一村一品示范镇”；

2013 年，“遵化香菇”获得农业部农产品地理标志认证；

2017 年，“遵化香菇”通过国家工商总局核准注册地理标志商标；

2019 年，遵化市平安城镇入选“全国农业产业强镇”建设名单；

2020 年，遵化市入选第四批中国特色农产品优势区名单。

中国金针菇之乡——灵寿

灵寿县属于暖温带大陆性季风气候，太阳辐射的季节性变化显著，春秋季节分明，年降雨量650毫米，全县日照时数平均为2 286.8小时，适合北方大部分农作物的生长，特别是对栽培食用菌极为有利。

灵寿金针菇

据《灵寿县志》（1685）记载，蘑菇归于蔬类，“苦菜、青蓟、蘑菇”。由于灵寿县地形以山区为主，有大面积的原始森林，野生食用菌较多。经过历史发展和时代变迁，到20世纪70年代末80年代初，灵寿县开始大规模种植食用菌——金针菇。到2004年，灵寿县食用菌总产量达7.2万吨，其中金针菇总产量达5.8万吨，产值3.4亿元，主要销往内蒙古、山东、广州、北京、天津等地。2010年12月24日，农业部批准对“灵寿金针菇”实施农产品地理标志登记保护。

灵寿金针菇晶莹洁白，菌盖直径约1.0厘米，菌柄长13—15厘米，开伞菇不超过60%，无菌根、无腐烂变质、无病虫害。菌盖滑嫩、柄脆、组织脆嫩，菇体完整，味美适口，营养丰富，尤其是对儿童的身高和智力发育有良好作用，人称“增智菇”。

阜平香菇

阜平县地处河北省保定市西部，太行山中北部东麓，是全国著名革命老区，也曾是国家扶贫开发工作重点县。2012 年 12 月，习近平总书记顶风冒雪，到阜平县看望慰问困难群众，吹响了全国向贫困宣战的号角。

2015 年，阜平县决定将食用菌产业作为扶贫主导产业，经过近十年的发展，目前阜平县食用菌种植总面积达 2 万余亩，规模园区 100 多个，建成食用菌棚室 4 600 余栋，年栽培菌棒 8 000 余万棒，产量约 7 万吨，综合产值超过 10 亿元。

阜平县的地形为“九山半水半分田”，气候湿润，四季分明，

阜平食用菌知名品牌“老乡菇”

昼夜温差明显，森林覆盖率大，被誉为深山老峪的香格里拉，是种植香菇的天然优良场所。

阜平县香菇一个栽培周期 8 个月左右，其中有两三个月为养菌时间，出菇时间为五六个月。为了提高棚室利用率和栽培效益，太行山食用菌研究院采用集中养菌、缩短出菇棚养菌时间的办法，提升现有园区棚室使用效率。通过建设网格化、立体培养架和养菌周转培养用设施，菌棒养至生理成熟再入出菇棚，菌棒入棚后 5 个月左右完成出菇周期，可实现一年两季栽培。

阜平香菇朵大、菇圆、肉厚，香味浓郁，口感鲜美，富含蛋白质、多种维生素和 17 种人体所需的氨基酸，有降血脂、提高免疫力等功效。2018 年，阜平香菇通过地理标志认证，阜平食用菌公用品牌“老乡菇”也被评为省级名优区域公用品牌、河北省十佳知名品牌，已形成了一、二、三产融合发展的产业链条，产品销往全国各大城市及日本、韩国等国家。

世界上现存最早的食用菌专著——《菌谱》

《菌谱》由南宋陈仁玉撰，成书于淳祐五年（1245），是中国最早的一部食用菌专谱，开创了我国菌类植物学的先河，也是世界上现存最早的食用菌专著，比欧洲最早的一部同类专著早351年。《菌谱》全书900余字，正文前有作者自序，记载了浙江台州山林间生长的合蕈、稠膏蕈、栗壳蕈、松蕈、竹蕈、麦蕈、玉蕈、黄蕈、紫蕈、四季蕈、鹅膏蕈等11种食用菌，并对它们的产地、生长环境、生长和采收时间、形态特征、颜色、香味等

榛蘑

做了详细介绍。

《菌谱》还介绍了一些蕈类的烹饪方法、滋补和食疗效果，以及误食毒蕈之后的解毒急救方法。该书对各种菌的菌伞外形描述颇得要领，对有关蕈类的腐生、寄生的生态习性已有相当的认知，并据此分类命名，如松蕈、竹蕈、稠膏蕈等。

《菌谱》对于研究中国古代食用菌的种类和历史具有重要学术价值，在中国植物学史、药学史、烹饪史上极负盛名。《菌谱》之后，中国比较著名的菌类专谱还有明代潘之恒的《广菌谱》、清代吴林的《吴菌谱》等。

全国性的食用菌行业组织
——中国食用菌协会

中国食用菌协会成立于1987年，是经民政部登记注册的具有独立法人资格的全国性行业社会团体，是食用菌（含药用菌）相关行业的生产、加工、流通企业和科研、教学单位以及专业合作社、地方性行业组织等自愿参加的非营利性社团组织。2004年，经国务院批准，该协会代表中国食用菌界加入国际蘑菇学会组织，中国当选国际蘑菇学会副主席国。

球盖菇

中国食用菌协会的宗旨是全面落实科学发展观，牢固树立服务意识，努力为会员、为行业、为政府服务；切实维护会员的合法权益，维护公平竞争的市场经济秩序，维护全行业的整体利益；做好行业自律，充分发挥沟通政府和行业之间的桥梁和纽带作用，促进我国食用菌行业协调、全面、可持续发展。

中国食用菌协会的主要任务是开展行业情况调查和研究工作，协助政府主管部门进行行业管理；制定行规行约，搞好行业自律，维护公平竞争，建立和维护正常的生产、经营和市场秩序；组织行业信息交流，办好会刊和网站，为会员和行业提供信息和咨询服务；开展食用菌品种资源、基质资源的考察，加强对野生品种资源和栽培配料的合理保护和开发利用；大力推进食用菌产品深加工，做好行业新技术、新产品的鉴评和菌需品推荐工作；组织技术交流和技术合作；做好《菌类园艺工》职业培训工作，逐步推进从业人员持证上岗；加强国际交流与合作，促进企业开展对外贸易活动；积极发展餐桌经济，宣传普及食用菌的食用价值、食用方法和科学知识，拓宽市场，引导消费，提高人民的健康水平。

随着我国食用菌产业规模的发展壮大，中国食用菌协会的组织机构也日益健全，目前已成立了专业咨询与规划委员会、文化专业委员会、工厂化专业委员会、装备与菌需物资分会、标准化工作委员会、菇农合作分社、市场流通专业委员会、药用真菌委员会、羊肚菌产业分会、黑木耳分会、香菇分会、白灵菇分会、银耳产业分会等分支机构。

中国著名的食用菌博物馆

食用菌文明是灿烂农耕文明的一部分，成立各类主题的食用菌专题博物馆，有助于集中宣传展示历史悠久、璀璨绚烂的食用菌文化，为更多的人了解食用菌提供一条便捷之径。

凤尾菇

1. 中华菌文化博览中心

中华菌文化博览中心位于河北省平泉市，是省级科普教育基地。该中心按照“中国第一，世界一流”的标准建造，2008 年 1 月开工，2009 年 12 月完工，总面积 5 000 多平方米，设有 1 个展厅 6 个馆区。

序厅陈列着中华菌文化博览中心的镇馆之宝——一块儿雕刻着灵芝、鹤和鹿的青田石；资源馆展示的是世界各地菌类标本、模型；科学馆介绍了菌类的营养价值、药用价值和毒菌、毒素的知识；历史馆主要介绍了从古代到近现代对菌业的研究、栽培以及产业发展的情况；民俗馆主要介绍了浙南有关菌的民风民俗、与宗教信仰的关系等；文化艺术馆展现的是文学视野中的菇菌，有赞美菌类的诗篇，有关于菌类的饮食文化，有关于菌类的传说故事；平泉馆展示的是平泉市食用菌产业起步、发展、兴盛的过程。

2. 庆元香菇博物馆

庆元香菇博物馆成立于1997年，位于浙江省丽水市庆元县，是一家以展示香菇历史文化和产业发展为主题的专业性和综合性

庆元香菇博物馆

相结合的博物馆。该馆总建筑面积2 380平方米，分为“香菇之源”“香菇之路”“香菇之韵”“香菇之问”“香菇之歌”5个单元和1个临时展厅。

“香菇之源”展厅为游客介绍了香菇发明的历程以及最古老的种菇技术——“剁花法”的发现过程及制作流程，显示出香菇始祖吴三公卓越的智慧和无与伦比的创造精神；“香菇之路”展厅主要讲述了香菇产业的发展历程；“香菇之韵”展厅讲述了菇民在生产生活中发现发明香菇的历史文化；“香菇之问”展厅陈列了670多种蕈菌标本，对作为世界第二大食用菌的香菇的食用和药用价值，以及品种、等级进行了详细介绍；“香菇之歌”展厅向游客展示了庆元香菇向现代化进军的历程。

3. 中国菇菌博物馆

中国菇菌博物馆位于上海市奉贤区现代农业园内，2009年10月26日正式开馆并向公众开放，是中国首个以综合性菇菌知识为主要展出内容的科普教育基地。场馆总展示面积近3 000平方米，内设3个分馆，分别是菇菌科学馆、菇菌历史馆及菇菌民俗艺术馆。

菇菌科学馆主要展示菇菌的科学知识。走进科学馆，观众可以通过水墨动画屏、多媒体沙盘等展项，了解菇菌出现的地质年代、种类、生长环境、地理分布、药用价值等内容。

菇菌历史馆由菇菌的历史研究和菇菌的种植历史两大板块组成，该展馆通过多媒体与机电一体化技术的结合，使参观者能直观了解古代人对菇菌的认识，领略古代菌学研究的丰厚遗产。该馆还采用幻影成像技术真实再现了古代菇农种植香菇的场面，并通过和现代种植技术的对比，反映出科技发展对菇菌产业发展的巨大推动作用。

菇菌民俗艺术馆主要展示中国人民在探索自然过程中形成的独特的菇菌文化，以及许多以菇菌为题材的名篇佳作和美轮美奂的艺术品。在民俗馆中，参观者能看见菇菌博物馆的镇馆之宝——一株罕见的直径达 76 厘米的巨型灵芝。

4. 中国・古田食用菌博物馆

中国・古田食用菌博物馆隶属于福建省宁德市古田县食用菌产业管理局，于 2004 年 12 月 8 日开幕的首届中国古田食用菌节

茶树菇

期间正式对外免费开放，并于2007年再次改扩建，现全馆面积近1 000平方米，分为菌史、业绩、科普、文化、机械五大部分。该馆收藏有大量珍贵的历史照片、食用菌有关资料，以及各种珍贵的实物和翔实的模型，是国内首家以食用菌命名的专业性与综合性相结合的博物馆。

菌史馆全面展示了我国菌类栽培业的诞生和发展，以及30多年来所取得的非凡成就。

业绩馆介绍了古田人民以自己的勤劳和智慧，在我国菌业博大精深历史传承的基础上，在食、药用菌的生产和研究等方面做出的探索创新，以及建成完整食用菌产业体系的辉煌历程。

科普馆通过对菌类在自然界中的分类地位、形态构造、生活史、生态等生物学基础知识以及菌类的食用、药用价值等知识的普及，使参观者对菌类有更深层次的认识。

文化馆从传统的仙芝传说讲到现代的菌类文化艺术的拓展，辅以科普、文学、邮票、绘画以及菇食文化等，令参观者感慨小小菇菌在经济和文化领域中的作用如此巨大。

机械馆见证了古田人民以自己的聪明才智，在食用菌生产过程中从刀砍斧劈到自主研究发明食用菌生产与加工成套系列机械产品的整个过程。

文人墨客也是食用菌“吃货”

众所周知，宋朝文学家苏轼是一个名副其实的“吃货”，一首《与参寥师行园中得黄耳蕈》便佐证了这一事实：“遣化何时取众香，法筵斋钵久凄凉。寒蔬病甲谁能采，落叶空畦半已荒。老楮忽生黄耳菌，故人兼致白芽姜。萧然放箸东南去，又入春山笋麟乡。”一想起在落叶纷纷的秋日，遍寻美食的苏轼与参寥师忽然发现园中树上的黄耳菌，喜不自禁并掺和着白芽姜饱餐一顿就让人艳羡。

当然，爱吃蘑菇的人不只有苏轼，宋朝的高似孙也有着属于自己的故事。在《石桥纹覃》一诗中，他写下了自己亲身考察野生菌产地的情景，不仅处绝冥、浴清涧、寻松苓，还产生了宴请太阳品味美味的想法。但并不是每一位“吃货”都有这样的好运气，杨万里就写过这样一首《怪菌歌》：“雨前无物撩眼界，雨里道边出奇怪。数茎枯菌破土膏，即时便与人般高。撒开圆顶丈来大，一菌可藏人一个。黑如点漆黄如金，第一不怕骤雨淋。得雨声如打荷叶，脚如紫玉排粉节。行人一个掇一枚，无雨即阖有雨开。与风最巧能向背，忘却头上天倚盖。此菌破来还可补，只不堪餐不堪煮。”可见，这当不了伞还不能吃的蘑菇，让杨万里甚是着急。

收藏家王世襄也钟爱蘑菇。他儿子王敦煌在《吃主儿》一书中记述了很多关于父亲采蘑菇、烹饪蘑菇的逸事。如 20 世纪 70 年代，王世襄从干校回北京后就琢磨起这口儿来了，他先是上菜市场找售货员打听，又按照售货员的指点骑车出永定门，在那儿的一所小学校传达室找到了前往菜市场送蘑菇的张老汉。老人家告诉他，采蘑地点在永定河河沿，采必须会看，“悄”有“档”的地方会一年年长出来……

王世襄在著作里也经常提到采蘑菇与烹制蘑菇的独到心得。

白灵菇

他说，柳蘑“萝色土褐，蓄聚而生，有大有小。烹饪时宜加黄酒，去土腥味。烩、炒皆可，而烩胜于炒，用鸡丝加嫩豌豆来烩，是一味佳肴”；鸡腿菇“菌柄较高，色稍浅，炒胜于烩”。若不是会买、会做、会吃的人，是总结不出这些经验的。

柳蘑

美食家汪曾祺写过的动植物不下百种，其中《菌小谱》里提到的“蘑菇”就有十多种。他在文中曾写道：有一天采到一朵大蘑菇，把它带回宿舍，精心晾干收藏起来。待到年节回京与家人短暂团聚时，将这朵蘑菇背回了北京，并亲手为家人烹制了一锅鲜美无比的汤，那汤给全家带来了意外的欢乐。作家铁凝特撰文盛赞汪曾祺是“囊中背着一朵蘑菇的老人”。汪曾祺的蘑菇情也可谓是食客中之翘楚！

张大千与蘑菇

张大千不仅是著名国画大师，而且在烹饪方面也有很深造诣，他所独创的菜式被朋友们戏称为“大千菜”。张大千的拿手菜是鲫鱼炊汤，不但肉嫩味美，而且色彩宜人。画家黄宾虹、熊松泉、钱瘦铁等人食后赞叹不已，称此菜是艺术应用到生活中的典范。犹如张大千先生作画，常于平淡中独创惊人之作，他与蘑菇之间碰撞出一段故事也恰有异曲同工之妙。

20 世纪 30 年代，张大千先生去甘肃敦煌莫高窟临摹壁画。敦煌地处戈壁深处，新鲜菜蔬匮乏，当地人的生活很艰辛。有一次，张大千外出散步路过一条小溪边时，偶然发现水草丛中生长着一些蘑菇，他眼睛一亮，随手采回一些，亲自烹饪品尝，发现味殊甘美，无疑是天赐奇珍。此后，张大千每日临画之余，会沿着附近溪流边散步边寻觅蘑菇的踪迹，果然又发现了好几处。他还根据蘑菇的分布，绘制了一张蘑菇采摘线路图，将有蘑菇生长的地方一一标明，便于采摘。离开莫高窟时，张大千先生将这张蘑菇“藏宝图”赠给了刚到此地的常书鸿先生，让他也能尝到生长在戈壁深处的美食。

张大千先生采食的蘑菇，大概是古籍上所说的“沙菌”，即生长在草原或大漠中的口蘑。口蘑以肥美见长，张大千先生得享

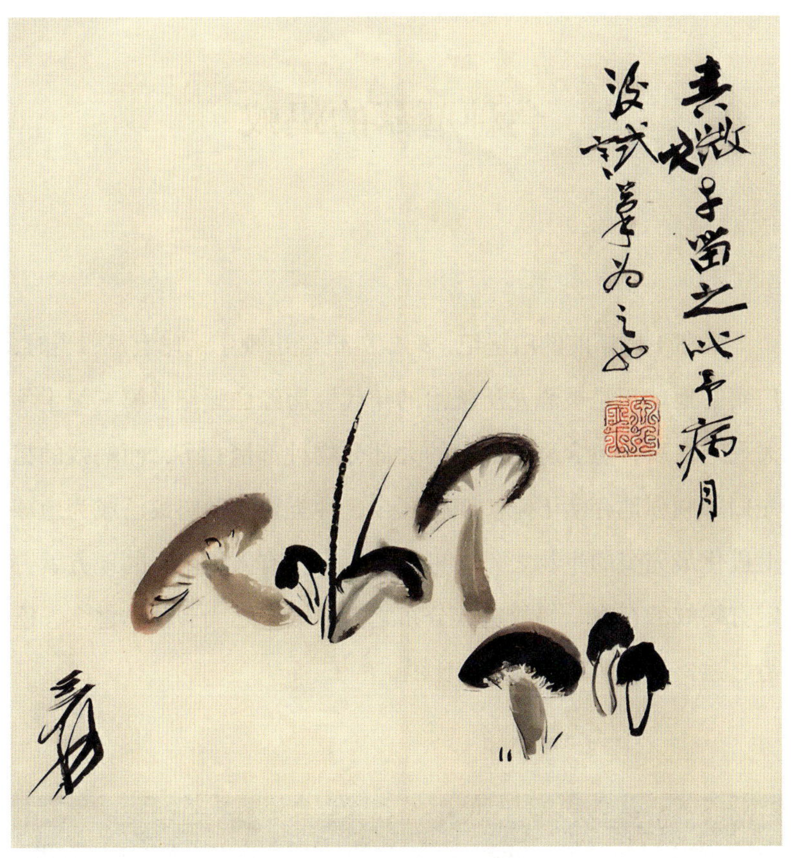

张大千的蘑菇图

此口福，也可说是他莫高窟之行的另一大收获了。

不仅如此，张大千有多幅以蘑菇为题材的画作。画面上那各具形态的蘑菇，令人垂涎，再加上题诗：“南诏鸡窦北口蘑，三川平把许同科，新来口腹为灾怪，又被松茸诱梦多。”可见，张大千的蘑菇情结多么深厚！

会种蘑菇的蚂蚁

早在1亿年前的白垩纪，蚂蚁就已经出现于地球上了，当时，广袤的地球正是被恐龙所统治的年代。历经白垩纪、第三纪生物大灭绝之后，包含恐龙在内的大部分物种都消亡了，而蚂蚁的祖先们却顽强地存活下来。演化至今，种类繁多的蚂蚁已成为地球上进化最完美的生物之一。可以说，只要有人类生活的地方就一定有蚂蚁的存在，蚂蚁家族分布之广、数量之大、种类之多、能力之强，是其他动物所不能比的。

切叶蚁

人类的文明史伴随着动植物的驯化史。环境改变后，蚂蚁为了生存和繁衍也学会了通过种植和驯化真菌来获得食物。

早在 6 000 万年前，生长在南美洲热带雨林中的切叶蚁就学会了通过种植真菌来获取食物，它们被称为“植菌蚂蚁”，它们种植的真菌被称为“共生真菌”。目前，全世界已发现有 200 多种植菌蚂蚁，它们种植的真菌是切叶蚁成虫重要的营养来源，也是幼蚁唯一的食物来源，真菌与切叶蚁之间形成了独特的共生关系。

根据种植真菌水平的高低，切叶蚁可分为高水平切叶蚁和低水平切叶蚁。当时，为了应对栖息地干旱的变化，高水平切叶蚁从种植野生真菌转变为驯化特定真菌，后来，被驯化的真菌就失去了在潮湿蚁穴之外生存的能力，更失去了与野生真菌杂交繁育的能力，成为切叶蚁的专属真菌类群。

种植真菌的切叶蚁堪称多才多艺的才子佳人。它们不但是“建筑大师”，可建出深达数米的巢穴供蚁群生存繁衍、种植真菌，会打造超大的入口和通道便于叶片运输和巢穴通风，而且在巢穴内建造出复杂的废物处理系统，以防巢穴被其他病菌污染。同时，切叶蚁还是技艺高超的“农民”，较大的工蚁会组队到植物上切取叶片并搬回巢穴，较小的工蚁则会对叶片进行进一步切割后磨成浆，涂抹在用于培养真菌的菌床之上，并为菌床接种上蚁巢内的真菌菌丝。

在切叶蚁到植物上切取叶片的过程中，先头兵们会在沿途释放跟踪信息素，指引后来的同伴循着设置好的导航线路前往目的地切取叶片并搬回巢穴。

种植真菌时，切叶蚁不但会用自己的排泄物给菌床施肥，也会时刻保持蚁巢的清洁和菌床的纯粹，使菌床健康成长的同时免遭污染。有些切叶蚁的嘴巴和前肢上隐藏的细小腺窝里，还会有一种能产生抗生素的链霉菌，链霉菌分泌的抗生素可有效防止种植的真菌被其他寄生真菌或病原体破坏。

当然，切叶蚁也是要成家的。蚁群发展到一定阶段会繁育出有翅膀的切叶蚁，发育成熟后就会选择飞离蚁巢。这些飞离的切叶蚁有雌雄之分，雌性切叶蚁中还有一只准蚁后，它会带着储藏在颊下囊（储藏菌丝的特殊袋状结构）中的一小团蚁巢真菌飞离。“婚飞”过后，准蚁后获得了无数雄蚁的“爱情种子”，带着从老巢中传承的真菌建立新的蚁巢，开启下一轮的种群繁衍与真菌种植。

鸡𡎚菌是离褶伞科蚁巢伞属真菌，是一类可以与白蚁共生的大型菌类统称，在我国多省都有分布。

白蚁与鸡𡎚菌的故事也发生在蚁巢中。白蚁在筑巢时，工蚁们会用半消化的食物残渣筑巢，这一过程实现了鸡𡎚菌孢子（种子）的播种。为了孢子的茁壮成长，白蚁们会在蚁巢中为鸡𡎚菌构建最适宜生长的环境，并保证持续的营养供给。

在白蚁的悉心照顾下，孢子会逐渐长成微米级的小白球状菌丝体，而后发育出鸡𡎚菌的菌柄和菌盖（合称为籽实体），直到钻出地表后才是我们采食的鸡𡎚菌。如果没有人类的打扰，这些鸡𡎚菌成熟后就会散播孢子啦。

生长在巢穴内的幼蚁，自小以鸡𡎚菌小白球状的菌丝体为食，从中获得所需的营养和抗病物质。因此，幼蚁在获取食物的同时体内带有鸡纵菌未被完全消化的菌种。当幼蚁发育成熟要迁飞到其他地方筑巢时，它们肠道中的菌种便会被带到新的蚁巢。

蚁菌共生

当然，鸡纵菌也有另外一种传播方式。新建蚁巢的工蚁们，有时在外出活动过程中，会从其他发育成熟的白蚁共生系统中将鸡纵菌菌丝体或者孢子带回蚁巢，进而养出自己的食物。

长期以来，野生的鸡纵菌远远不能满足人类味蕾的需求，人们希望通过人工栽培技术实现鸡纵菌的规模化生产。近年来，多个科研机构开展了相关研究，中国科学院西双版纳热带植物园在野外模拟野生鸡纵菌生长环境，将人工培育的白蚁－鸡纵菌共生巢播“种”到野外种植试验区，预计全年可收获鸡纵菌五六千朵。昆明市林业和草原科学研究所在实验室培养的白蚁－鸡纵菌共生巢于 2024 年 5 月培育出了第一朵鸡纵菌。相信在广大科学家的共同努力下，实现鸡纵菌食用自由的梦想会越来越近。

第二章　中外名菌群荟萃

香菇

香菇，又名“花菇”“香蕈”“香信”“椎耳”“冬菇”“厚菇”，属于担子菌纲伞菌目口蘑科香菇属真菌。香菇是世界第二大食用菌，世界上最早认识、栽培香菇且产量最高的国家是中国，已有 800 多年的栽培历史。香菇被人们誉为“菇中皇后”，民间素有“山珍”之称，是一种食药同源的菌类，其肉质肥厚细嫩，味道鲜美，香气沁人，营养丰富，富含维生素 B 群、铁、钾、维生素 D 原（经日晒后可转成维生素 D），味甘，性平，经常食用

香菇

对提高机体免疫力、延缓衰老、防癌抗癌、降血脂，治疗糖尿病、肺结核、神经炎等都有很好的辅助效果。

香菇的籽实体较小至稍大，菌盖圆形，直径 5—12 厘米，可达 20 厘米，扁平球形至稍平展，表面呈菱色、浅褐色、深褐色至深肉桂色，有深色鳞片，而边缘鳞片常色浅至污白色，有毛状物或絮状物；菌肉呈白色，稍厚或厚，细密；菌褶呈白色，密、弯生、不等长；菌柄中生至偏生，呈白色，常弯曲，长 3—8 厘米，粗 0.5—1.5 厘米；菌环以下有纤毛状鳞片，内实，纤维质，菌环易消失，呈白色。

香菇在我国主要分布在河北、安徽、江苏、上海、浙江、江西、湖南、福建、台湾、广东、广西、云南、贵州、四川等地。世界上的香菇主要分布在太平洋西侧的一个弧形地带，北至日本的北海道，南至巴布亚新几内亚，西到尼泊尔的道拉吉里山麓。此外，非洲北部地中海沿岸也有香菇变种，新西兰分布着类似香菇，南美塔哥尼亚也有栽培。

猴头菇

猴头菇，因外形酷似猴头而得名，又名“猴菇菌”“猴头蘑”“羊毛菌”“花菜菌”“刺猬菌”“对脸蘑”“山伏菌”，日本称为“山伏茸”，属于担子菌门层菌纲多孔菌目猴头菌科猴头菌属。猴头菇是中国传统的名贵菜肴，肉嫩、味香、鲜美可口，有“素中荤”之称，人们常把它与熊掌、燕窝、鱼翅并列为“四大名菜”，并有“山珍猴头、海味鱼翅”之说。猴头菇的最早记载见于隋代佚书《临海水土异物志》：“民皆好啖猴头羹，虽五肉臛不能及之，其俗言曰：‘宁负千石粟，不愿负猴头羹。’”

猴头菇籽实体头状、不分枝，白色，干猴头菇籽实体色泽白中带黄。大小5—20厘米，肉质，内实，无柄。基部着生处狭窄，人工栽培猴头菇基部常因长于瓶口或塑料袋口内而呈柄状。除基部外，周体外被覆菌刺，刺下垂，状似猴头。菌刺长1—5厘米，针形。孢子生于菌刺表面，球形，内含油滴，孢子堆白色。

猴头菇在自然界中分布很广，主要生长在北温带的阔叶林或针叶、阔叶混交林中，在我国主要分布在东北大、小兴安岭，西北天山、阿尔泰山，西部的喜马拉雅山及西南横断山脉的林区，黑龙江、吉林、内蒙古、河北、河南、陕西、山西、甘肃、四川、湖北、湖南、广西、云南、西藏、浙江、福建等地均有产出。在国外，西欧、美国、日本、俄罗斯等地也有分布。

猴头菇既是美味佳肴，又为治病良药。据现代研究表明，猴头菇内含有多肽、多糖、脂肪和蛋白质等活性成分，有利五脏、助消化、滋补、抗癌、治疗神经衰弱等功效，尤其对消化道肿瘤、胃溃疡和十二指肠溃疡、胃炎、腹胀等有较好疗效，药店内售卖的“猴头含片”“猴头口服液”等中成药就是以猴头菇为主要原材料的。

猴头菇

松蘑

松蘑属于担子菌纲伞菌目伞菌科伞菌属食用菌。松蘑中含有多元醇、多糖类物质，因此，它在健胃、防病、抗癌、治疗糖尿病方面有辅助作用。松蘑肉质肥厚，味道鲜美滑嫩，不但风味极佳、香味诱人，而且营养丰富，有“食用菌之王”的美称。

松蘑籽实体中等或较大，菌盖直径 4—14 厘米，近扁半球形

松蘑

至扁平，淡黄褐色、黄褐色或橙褐色，边缘内卷，光滑，湿时稍黏；菌肉较厚，淡黄色，受伤时不变色；菌柄长 4—8 厘米，直径 0.5—1.5 厘米，呈米黄色。

松蘑在中国主要分布于河北、云南、安徽、台湾、四川、黑龙江、吉林、山西、贵州、西藏等地区。松蘑是目前不能人工培养的野生菌之一，因为除了须具备一般蘑菇生长条件外，松蘑还必须与松树生长在一起，与松树根共生，进而形成外生菌根；夏秋季于阴坡或半阴坡的针叶或针阔混交林地上散生或群生，时雨时晴或夜间有雨，晴天最有利于籽实体的形成；适宜土壤主要为棕色林土、山地红壤、山地黄壤。松蘑有很好的抗核辐射作用，据俄罗斯有关部门研究发现，松蘑能在遭受过核污染的地区很好地生长，而其他生物的生存则不那么乐观。

羊肚菌

羊肚菌又名“羊肚菜”“羊肚蘑”，属于真菌门子囊菌亚门盘菌纲盘菌目羊肚菌科，为食用菌。羊肚菌形态犹如羊肚（胃），因此得名。羊肚菌味道鲜美、营养丰富，不仅富含蛋白质、糖、氨基酸，还含有钙、锌、铁等多种矿物质和维生素，具有增强机体免疫力、抗疲劳、抗病毒、抑制肿瘤、降血脂、抗氧化等多种功效。《本草纲目》中就有关于羊肚菌“干寒无毒，益肠胃，化痰利气”的记载。

羊肚菌籽实体菌盖近球形、卵形至椭圆形，长 4—10 厘米，直径 3—6 厘米，顶端钝圆，表面有似羊肚状的凹坑。凹坑不规则形至近圆形，宽 4—12 毫米，呈白色、黄色至蛋壳色，干后变成褐色或黑色，棱纹色较浅，不规则地交叉。柄近圆柱形，近白色，中空，上部平滑，基部膨大并有不规则的浅凹槽，长 5—7 厘米，粗约为菌盖的 2/3。子囊圆筒形，孢子长椭圆形，无色，每个子囊内含 8 个孢子，呈单行排列。侧丝顶端膨大，粗达 12 微米，体轻，质酥脆。

羊肚菌一般从低海拔的平原地区到海拔 3 200 米的地区都有生长。多生长在阔叶林或针阔混交林的腐殖质层上。羊肚菌在世界上的分布区域较为广泛，其中在法国、德国、美国、印度、中

羊肚菌

国分布较广，其次在俄罗斯、瑞典、墨西哥、西班牙、捷克、斯洛伐克和巴基斯坦局部地区等均有零星分布。羊肚菌在中国的生长范围北至东北三省，南至广东、福建、台湾，东至山东，西至新疆、西藏、宁夏、贵州等地，其中又以甘肃和四川两省的羊肚菌种类资源相对丰富。

口蘑

口蘑因为通常运到张家口市加工再销往内地，故称“口蘑”，又名“白蘑”“白蘑菇”“蒙古口蘑”“云盘蘑”“银盘”。银盘又称“营盘”，是口蘑中的上品。口蘑实际上并非一种，乃集散地汇集起来的许多蘑菇的统称，按传统的叫法，至少还有“青腿子蘑”“香杏”“黑蘑”“鸡腿子”“水晶蕈”“水银盘”“马莲杆”“蒙西白蘑”等。口蘑属于真菌门担子菌纲口蘑科口蘑属。口蘑富含蛋白质、维生素、铁、铜、钾、钙、钠、锌、锰、硒等营养成分，中医理论认为其味甘性平，有宜肠益气、散血热、解

口蘑

表化痰、理气等功效，非常适合癌症、心血管系统疾病、肥胖、便秘、糖尿病、肝炎、肺结核、软骨病患者食用。口蘑菌肉肥厚、质细具香气，味道异常鲜美，清炖、红烧、做汤均可，历来为宴上珍馐。

口蘑籽实体呈伞状，菌盖宽 5—17 厘米，半球形至平展，白色，光滑，初期边缘内卷。菌肉白色，厚；菌褶白色，稠密，弯生不等长；菌柄粗壮，白色；担孢子无色，光滑，椭圆形。

口蘑一般生长在有羊骨或羊粪的地方，夏秋季在草原上群生，常形成蘑菇圈，主要产于河北、内蒙古、黑龙江、吉林、辽宁等地。

竹荪

竹荪，学名“长裙竹荪”，又名“竹笙”“竹参”“面纱菌”“网纱菌”等，属于担子菌门伞菌纲鬼笔科竹荪属食用菌。竹荪被人们称为“雪裙仙子”“山珍之花”“真菌之花”“菌中皇后”，是寄生在枯竹根部的一种隐花菌类，形状略似网状干白蛇皮，它有深绿色的菌帽，雪白色的圆柱状的菌柄，粉红色的蛋形菌托，在菌柄顶端有一围细致洁白的网状裙从菌盖向下铺开。竹荪营养丰富，含有多种氨基酸、维生素、无机盐等，具有益气补脑、宁神健体的功效。竹荪香味浓郁，滋味鲜美，自古就被列为“草八珍”之一。在菇类饮食文化中的各大菜系中，几乎都有竹荪名菜，湘菜中的“竹荪芙蓉”是中国国宴的一大名菜，1972 年美国总统尼克松和日本时任首相田中角荣访华时都对这道菜赞不绝口。

竹荪籽实体分菌托、菌柄、菌裙、菌盖四部分。 菌托是一个幼小的籽实体，孕育于菌蕾中，当籽实体成熟时，冲破菌蕾外的包被，整个籽实体伸长外露，包被则遗留在菌柄基部，形成菌托。菌柄呈圆柱状，中空，基部钝尖，顶端有一穿孔，海绵质，白色，长 5—30 厘米，直径 2—4 厘米，起着支持菌盖和菌裙的作用，也是食用的主要部分。当籽实体成熟后，菌裙从菌柄顶端向下展开，长 6—20 厘米，白色，网状，网眼圆形、椭圆形或多角形。菌盖

竹荪

呈钟形，高 2—4 厘米，表面有网纹或皱纹，籽实层着生在菌盖表面上，当孢子成熟时，籽实层则成黏液状，并具臭味，这种臭味可以招引昆虫舔食黏液，昆虫的足、口器就把孢子带到他处，起到传播孢子的作用。竹荪的担孢子单核，椭圆形，光滑，无色。

竹荪自然生长季为初夏到中秋，多生于老竹和腐竹的根部以及腐竹叶上。竹荪在我国的黑龙江、吉林、河北、陕西、江苏、浙江、安徽、湖南、湖北、江西、福建、四川、云南、贵州、西藏、广东、广西及台湾等省份均有分布，但各地的竹荪品种不完全相同，其中以西南各省分布较广，食用品种质量也较优。在国外，日本、印度、斯里兰卡、印度尼西亚、菲律宾、朝鲜、美国、古巴、巴西、英国、法国、俄罗斯、墨西哥、澳大利亚，以及东非等地亦有竹荪分布。

银耳

银耳，又名“白木耳”“雪耳”“银耳子”“菊花耳”等，以色泽银白，形如耳状而得名，属于担子菌门银耳纲银耳目银耳科银耳属真菌。银耳被列为“草八珍”之一，最早记载见于清代。银耳菌肉肥厚，脆嫩鲜美，素来有“菌中之冠”的美称。银耳富含蛋白质、脂肪和多种氨基酸、矿物质，长期食用能够增强人体

银耳

免疫功能，起到扶正固本的作用。

银耳籽实体由 10 余片薄而多皱褶的扁平形瓣片组成。纯白至乳白色，一般呈菊花状或鸡冠状，柔软洁白，半透明，富有弹性。干后收缩，角质，硬而脆，呈白色或米黄色。

野生银耳主要分布于我国的四川、云南、福建、贵州、安徽、湖南、广西、台湾等省份的山林地区，其中以通江银耳、古田银耳较为著名。

冬虫夏草

冬虫夏草，又名“冬虫草”“夏草冬虫”，藏语称“雅扎贡布”，属于真菌门麦角菌目麦角菌科虫草属，是麦角菌科真菌。冬虫夏草寄生在蝙蝠蛾科昆虫幼虫上的子座及幼虫尸体的复合体。冬虫夏草是中国特有的中药材，与人参、鹿茸并列为三大补品，包含多糖、核苷类、甘露醇、留醇类及活性蛋白等多种营养成分，对于治疗肾虚精亏、阳痿遗精、腰膝酸痛、久咳虚喘、劳嗽咯血等有很好的辅助功效。

每年的 8 月下旬，冬虫夏草的寄主蝙蝠蛾幼虫遇到借助风力或雨水传播的冬虫夏草子囊孢子，在环境条件适宜时被侵染，被侵染的幼虫行动迟缓，于 10 月份 2 ℃—9 ℃时爬至近地表处死亡呈僵虫。冬虫夏草菌吸收虫体营养进行生长繁殖，致使虫体内长满菌丝继而形成子座。11 月至次年 2 月，地温极低，子座生长非常缓慢甚至停止生长；5 月，温度升至 4 ℃—10 ℃，土壤解冻，僵虫体表长出菌丝并与土壤黏结成一层膜皮，籽实体迅速向上生长至 20—50 毫米的棒状籽实体，露出地面；6—7 月中下旬，籽实体头部逐渐膨大，子囊孢子在适宜的温湿度、光照下成熟并弹射出来，此时，地下僵虫腐烂，籽实体空心，扩散出来的孢子借助风、水再去感染蝙蝠蛾幼虫。天然状态下，冬虫夏草完成无

冬虫夏草

性或有性世代需要约 3 年的时间。冬虫夏草多生于海拔 3 000—4 000 米的高寒山区，主要生长于草原、河谷、草丛的土壤中。冬虫夏草的分布与海拔、气候、温度、湿度、光照、土壤、植被等关系密切，其中降雨量和温度的影响最大。在我国主要分布于西藏、青海、甘肃、四川、贵州、云南等省份的高寒地带和雪山草原。

灵芝

灵芝，又名“瑞草”“神芝”“仙草”“瑶草”“还阳草”“赤芝”等，属于担子菌纲多孔菌目多孔菌科灵芝属，灵芝主要有6种，即青灵芝、黑灵芝、赤灵芝、紫灵芝、黄灵芝、白灵芝。灵芝自古以来就被认为是吉祥、富贵、美好、长寿的象征。灵芝富含多糖、核苷类、呋喃类、甾醇类、生物碱、三萜类、油脂类、多种氨基酸及蛋白质类、酶类、有机锗及多种微量元素。据《本草纲目》记载：“灵芝，味苦、性平，无毒，主咳逆上气，明目益智，坚筋骨，好颜色，久服轻身延年。其根、叶、花、实皆可入药，以实为上。”现代医学研究表明，食用灵芝能够调节、增强人体免疫力，对神经衰弱、风湿性关节炎、冠心病、高血压、肝炎、糖尿病、肿瘤、延缓衰老等有良好的辅助治疗作用。

灵芝籽实体大多为一年生，少数为多年生，有柄，小柄侧生。菌盖木质，木栓质，扇形，具沟纹，肾形、半圆形或近圆形，表面褐黄色或红褐色，血红至栗色，有时边缘逐渐变成淡黄褐色至黄白色，具似漆样光泽，盖表有同心环沟，边缘锐或稍钝，往往内卷。菌肉白色至淡褐色，接近菌管处常呈淡褐色，菌管小，管孔面淡白色，白肉桂色，淡褐色至淡黄褐色，管口近圆形，菌柄侧生、偏生或中生，近圆柱形，有较强的漆样光泽。担孢子卵形

灵芝

或顶端平截，双层壁，外壁透明、平滑，内壁褐色或淡褐色，具小刺，中央具一油滴。

灵芝在世界各大洲均有分布，其中绝大部分生长在热带、亚热带和温带地区。中国的灵芝资源十分丰富，主要分布于北京、河北、山东、江苏、浙江、福建、江西、湖北、湖南、广西、广东、河南、云南、四川、贵州、海南、台湾、陕西、山西、安徽、甘肃、西藏、香港等地。

黑木耳

黑木耳，又名“木耳”“光木耳”“细木耳”“木蛾”“丝耳子”“黑菜云耳”等，属于真菌门担子菌亚门层菌纲木耳目木耳属。木耳因长于腐木之上，形似人的耳朵，故而得名。木耳质地柔软，口感细嫩，味道鲜美，风味特殊，而且富含蛋白质、脂肪、糖类及多种维生素和矿物质，有很高的营养价值，被现代营养学家盛赞为“素中之荤”。据《本草纲目》记载，桑耳主治女子漏下赤白、血病腹内结块、肿痛，还可以治愈鼻出血、肠风泻血，利五脏，宜肠胃气，排毒气；槐耳主治五痔脱肛、下血疗心痛、妇女阴中疮痛、治风破血、益力；柳耳补胃理气等。

黑木耳

木耳菌丝体由无色透明、具有横隔和分枝

的管状菌丝组成。菌丝在基质中吸收养料，在树皮下形成扇状菌丝体。木耳籽实体薄而有弹性、胶质、半透明，中凹，常常呈耳状或环状，渐变为叶状。基部狭窄成耳根，表面光滑，或有脉络状的皱纹，直径一般4—10厘米，大的超过12厘米。干后强烈收缩，上表面籽实层变为深褐色至近黑色，下表面呈暗灰褐色，布满极短的绒毛。

黑木耳具有耐寒、对温度反应敏感的特性，故多分布在北温带地区，主要有亚洲的中国、日本等国，其中以中国产量最高。黑龙江、吉林、河北、湖北、云南、四川、贵州、湖南、广西等多个省份都有人工栽培及天然生长的黑木耳。

鸡㙡菌

鸡㙡菌的别称很多，因地而异，广东称“鸡㙡”，潮汕称“鸡肉菇”，福建还称“鸡脚菇”或“桐菇”，四川称“斗鸡菇”“鸡肉菌”“伞把菇”或“斗鸡公”，贵州称“三八菇”“三坛菇”“三孢菇”，台湾和福建叫“鸡肉丝菇”，宜宾称“三塔菌”，江西称“鸡性菇”，日本称“白蚁菇”和“姬白蚁菇”。还有人把鸡㙡菌称为“鸡㙡花”“荔枝菌”“六月菌”“拆菌”“白蚁菌”“鸡油菌”等。鸡㙡菌属于担子菌门伞菌纲伞菌目白蘑科白蚁菌属食用菌。

鸡㙡菌因其内部纤维结构、色泽状似鸡肉、加之食用时又有鸡肉的特殊香味，故而得名鸡㙡菌。鸡㙡菌肉厚肥硕，质细丝白，味道鲜甜香脆，含人体所必需的蛋白质、脂肪，还含有各种维生素和钙、磷等物质。汪曾祺先生曾写道：“鸡㙡是菌中之王。味道如何，真难比方。可以说这是植物鸡。味正似当年的肥母鸡。但鸡肉粗，有丝，而鸡㙡则极细腻丰腴，且鸡肉无此一种特殊的菌子香气。”据《本草纲目》记载，鸡㙡有益胃、清神、治痔的功效。鸡㙡的吃法很多，可以单料为菜，还能与蔬菜、鱼肉及各种山珍海味搭配，无论炒、炸、腌、煎、拌、烩、烤、焖、清蒸或做汤，其滋味都很鲜，为菌中之冠。

鸡㙡菌

鸡㙡菌的籽实体中等至大型。菌盖宽 3—23.5 厘米，幼时脐突半球形至钟形并逐渐伸展，菌盖表面光滑，顶部显著凸起呈斗笠形，灰褐色或褐色、浅土黄色、灰白色至奶油色，长老后辐射状开裂，有时边缘翻起，少数菌有放射状裂纹。籽实体充分成熟并即将腐烂时有特殊强烈香气，嗅觉灵敏的人可以在 10 米外闻到其香味。菌肉白色，较厚。

在自然界，鸡㙡菌是和白蚁共生的菌类，白蚁构筑蚁巢的同时培养了鸡㙡菌菌丝体，形成一个共同的生态系统。鸡㙡菌主要分布在我国西南、东南一些省份，其中以西南地区的产量最多、品质最佳。

金针菇

金针菇，又名“朴菇”“冬菇”“构菌”“毛柄金钱菌”等，属口蘑科金针菇属菌类。金针菇具有较高的营养价值和药用价值，在国际市场上被誉为“超级保健食品”，富含蛋白质、维生素、钙、磷、铁等多种矿物质，具有补肝、益肠胃、抗癌之功效。金针菇本身清香脆嫩，味美润滑，风味独特，煮熟后可配酱料食用。此外，

金针菇

还可以与荤菜拼配，如列入中国特色菜谱的金菇三色鱼、金菇炒鳝鱼、金菇绣球、金菇溜鸡、金菇凤燕等，都是佳肴美味。

金针菇籽实体一般比较小，多数成束生长，肉质柔软有弹性；菌盖呈球形或扁半球形，直径 1.5—7 厘米，菌盖表面有胶质薄层，湿时有黏性，色白至黄褐；菌肉白色，中央厚，边缘薄，菌褶白色或象牙色，较稀疏，长短不一，与菌柄离生或弯生；菌柄中生，长 3.5—15 厘米，直径 0.3—1.5 厘米，白色或淡褐色，空心。

金针菇多丛生于榆树、柳树等阔叶林腐木桩上或根部，偶尔也生在多种阔叶树活立木上，属低温型的食用菌，最适温度 8℃左右，对水分敏感，需要水分较多。金针菇在自然界广为分布，中国、日本、俄罗斯、澳大利亚等国家及欧洲、北美洲等地区均有分布。

杏鲍菇

杏鲍菇，又名“干贝菇”“刺芹侧耳”“杏仁鲍鱼菇”等，属侧耳科侧耳属真菌。杏鲍菇菌肉肥厚，质地脆嫩，味道鲜美，菌盖、菌柄均口感极好，爽口似鲍鱼，并具有杏仁香味，素有“平菇王”之美誉，适合炒、烧、烩、炖、做汤及火锅用料，亦适宜西餐，营养价值、经济效益较高。此外，杏鲍菇中含有丰富的菌丝蛋白等营养物质，可作为畜、禽和鱼类的优质饲料和饵料，还

杏鲍菇

可做肥料直接还田，促进农业生产实现良性循环。

杏鲍菇担子体单生、群生或丛生。菌盖直径3—6厘米，初扁半球形、圆形、贝壳形，微下凹，表面光滑，浅黄色至污白色，密被浅褐色的鳞片或点；成熟后扁平，圆形，表面光滑，干燥，浅褐色至黄褐色，被褐色鳞片；菌盖边缘内卷，有时开裂。菌褶延生至柄，不交织，紫色，褶幅窄，稍密，具有小菌褶；褶缘平整光滑。菌柄偏生、中生，圆筒形，坚硬，基部被污白色绒毛，如为群生、丛生，则柄基相连。菌肉肉质，复性强，干时坚硬，白色至奶油色。无菌环或菌幕。孢子印白色。

杏鲍菇原产于欧洲南部、意大利、西班牙、法国、匈牙利、苏联和非洲北部高山草原、沙漠地带及印度、巴基斯坦等国家和地区。20世纪90年代初，我国引进并开始栽培杏鲍菇，目前主要分布于河北、福建、山东、浙江、青海、黑龙江、四川、山西等省份。

平菇

平菇，又名“糙皮侧耳”“北风菌”“蚝菌”，属于担子菌门伞菌目侧耳科侧耳属，是食用菌中品种最多、适应温度最广的一族。平菇含有丰富的营养物质，味甘、性温，具有祛风散寒、舒筋活络的功效，常用于治腰腿疼痛、手足麻木、筋络不通等病症。平菇中的蛋白多糖体、硒对癌细胞有很强的抑制作用，能增强机体免疫功能。平菇中还含有多种维生素及矿物质，常食平菇不仅能起到改善人体新陈代谢、调节植物神经的作用，而且对降低人体血清胆固醇、降低血压和防治肝炎、胃溃疡，调节妇女更年期综合征等有明显效果。

平菇籽实体丛生或叠生，菌盖呈覆瓦状丛生，扇状、贝壳状、不规则的漏斗状。菌盖肉质肥厚柔软。菌盖表面颜色受光线的影响而变化，光强色深，光弱色浅。菌褶白色，长短不一，长的由菌盖边缘一直延伸到菌柄，短的仅在菌盖边缘有一小段，形如扇骨。菌柄侧生或偏生，白色，中实；菌丝体白色，粗壮有力；菌肉白色、稍厚、柔软。

平菇属好光菌类，多生于榆、榉、槭、柳、栎、枫、槐等多种阔叶树种的枯木、朽树桩或活树的枯死部位上。平菇在世界各地均有分布，在中国绝大部分地区均有生产，尤以河北、河南、山东、黑龙江等省最多。

松露

松露，又名“地菌”“块菌”“块菰”“猪拱菌”，是一种蕈类的总称，属子囊菌门西洋松露科西洋松露属。松露大约有 10 种不同的品种，以法国产的黑松露与意大利产的白松露名气最大。黑松露含有丰富的蛋白质、18 种氨基酸、不饱和脂肪酸、维生素、锌、锰、铁、钙、磷、硒等人体必需的微量元素，以及鞘脂类、脑苷脂、神经酰胺、三萜、雄性酮、腺苷、松露酸、甾醇、松露多糖、松露多肽等代谢产物，具有极高的营养价值。松露对生长环境的

松露

要求极其苛刻，且无法人工培育，产量稀少，因此欧洲人将松露与鱼子酱、鹅肝并称“世界三大珍肴”。

松露籽实体如块状，小者如核桃，大者如拳头。幼时内部呈白色，质地均匀，成熟后变成深黑色，具有色泽较浅的大理石状纹理。松露的生长周期只有 1 年，它的大小和年龄无关。每年大约 12 月份，黑松露进入成熟期，直到次年 3 月，过熟的松露就会腐烂解体。

松露多数在阔叶树的根部着丝生长，一般生长在松树、栎树、橡树下，主要分布在中国、意大利、法国、西班牙、新西兰等国。中国松露的外形和法国黑松露非常相像，外皮的鳞片比较小，内部的白色条纹比较细密，主要长在松树的须根上，故而得名，主要出产于云南永仁、四川攀枝花一带。2023 年有媒体报道，河北唐山、承德地区的栗树下发现了野生松露。

巴西蘑菇

巴西蘑菇，又名“姬松茸”“姬菇”“小松菇”“小松口蘑”“阳光蘑菇”“柏氏蘑菇”“巴西菇”等，属蘑菇科蘑菇属真菌。巴西蘑菇是一种珍贵的食药兼用的真菌，含有18种氨基酸，丰富的维生素、多糖、甾醇等元素，有很高的抗癌活性和增强细胞的免疫功能，具有降血糖、调节血压、抗动脉粥样硬化以及改善骨质增生、安神等功效。

巴西蘑菇

巴西蘑菇菌盖直径一般5—11厘米，最大的可达15厘米，菌盖厚度为0.6—1.3厘米，初期半球形，后平展，中央不平坦。表面褐色，有纤维状鳞片。菌肉白色，菌褶离生，宽8—10毫米，白色后变黑，菌柄白色长6—13毫米，上下近似等粗，幼时中实，后中空。直径1—2厘米，中生，菌环上位。孢子呈椭圆形大小65微米 ×5微米，没有芽孔，孢子印颜色为棕褐色。菌丝体白色，绒毛状。菌丝有锁状联合。籽实体多单生，个别丛生，成熟时呈伞状。籽实体一般重达20—50克，大的可达350克。

巴西蘑菇多分布在美国的佛罗里达州海边的草地上和南加利福尼亚平原上及巴西、秘鲁等国，巴西南部圣保罗的皮埃达德是主要产地。在中国主要分布于河北、陕西、福建、浙江、新疆、上海、青海、云南、台湾、黑龙江等省份。

第三章　暗藏杀机的毒蘑菇

不是所有的菌类都能吃

春夏季节温暖湿润，是各种菌类生长的黄金季，虽然现在能从菜市场买到不少菌类，但一些堪称美味珍馐的菌类却尚未实现人工栽培，因而很多人更喜欢在菌类的生长季去野外采捡野生菌食用。就我国而言，已知晓的大型真菌有 1 万多种，其中食用菌 1 000 多种，药用菌 600 多种，有毒蘑菇 400 多种。由于菌类品种繁多，大多数人又缺乏对毒蘑菇的正确认识，所以经常发生因

云南人口中的见手青（黄褐牛肝菌）

吃菌菇而中毒的事件也就不足为奇了。

按中毒的症状毒菌大体可分为胃肠类型、神经精神型、溶血型、肝脏损害型、呼吸与循环衰竭型和光过敏性皮炎型等 6 类，具体症状常表现为呕吐、腹泻、极度口渴、盗汗、痉挛、眩晕、失明、体温下降等。

如何辨别毒蘑菇？民间的经验大都不可信。比如颜色鲜艳的是毒蘑菇，但变绿红菇和大红菇都没有毒，白色的白毒伞吃了却能致命。其他说法，诸如不生虫蛆、有辛辣味道、遇银器变黑、遇大蒜变烂等试验毒性的方法都只能当笑话来听。

中国科学院昆明植物研究所、云南省植物学会专家总结了绝大多数剧毒菌类的特征为“脚上穿靴子（有菌托），腰上系裙子（有菌环），头上戴帽子（有菌盖）”，但这也是片面标准。

为了让大家减少误食毒菌的概率，编者通过查阅有关资料，特向读者推荐识别毒蘑菇的 4 种方法：

方法一：看生长地带。

无毒的野生菌一般生长在清洁的松树、栎树、草地上，若是生长在阴暗、潮湿的肮脏地带就不要采摘食用了。

方法二：看形状。

无毒的野生菌一般菌盖较平、伞面平滑、菌面上无轮、下部无菌托，若是菌盖中央呈凸状、形状怪异、菌面厚实板硬、菌柄上有菌环、菌柄细长或粗长、易折断那就不要食用了。

方法三：看颜色。

无毒的野生菌一般菌面颜色鲜艳，有红、绿、墨黑、青紫等颜色，紫色的大多是有毒的，不能食用。

方法四：闻气味。

无毒的野生菌一般闻起来有股特殊香味，若是闻起来有辛辣、酸涩、恶腥等味则是有毒的，不宜食用。

尽管吃野生菌菇有中毒的风险，但广大食客并未望而生畏，反而是对采食野生菌乐此不疲。那么一旦因误食菌菇中毒了该如何自救呢？食用菌菇中毒后应立即大量饮用温开水或稀盐水，把手指或牙刷柄等伸进咽部催吐，同时尽快送往最近的医疗机构进行催吐、洗胃、导泻，以尽快排出毒素，就诊时携带剩余蘑菇样品以备进一步明确诊断。

菌菇好吃，但不可大意。避免食用菌菇中毒最好的办法是：只有确定可食的蘑菇才能吃，不认识的蘑菇坚决不要吃。最好不要生吃菌子，烹调不熟的也最好不要吃。

毒蝇伞

毒蝇伞，又名“毒蝇鹅膏菌”“蛤蟆菌”，是一种含有神经性毒害的担子菌门真菌，鹅膏菌属之一，因可以毒杀苍蝇而得名。其毒素有毒蝇碱、毒蝇母、基斯卡松以及豹斑毒伞素等，人误食后约 6 小时以内发病，产生剧烈恶心、呕吐、腹痛、腹泻及精神错乱，出汗、发冷、肌肉抽搐、脉搏减慢、呼吸困难或牙关紧闭、

毒蝇伞

头晕眼花、神志不清等症状。

毒蝇伞籽实体较大。菌盖宽6—20厘米。边缘有明显的短条棱，表面鲜红色或橘红色，并有白色或稍带黄色的颗粒状鳞片。菌褶纯白色，密，离生，不等长。菌肉白色，靠近盖表皮处红色。菌柄较长，直立，纯白，长12—25厘米，粗1—2.5厘米，表面常有细小鳞夏秋季在林中地上成群生长。

毒蝇伞是全球性的物种，原本是生长在松树和落叶性的树林中，横跨北半球温带和极地气候的地区，现已扩散至亚洲、欧洲、北美洲，以及南半球的澳大利亚、新西兰、南非和中美洲、南美洲等地。

臭黄菇

臭黄菇，广西称“鸡屎菌”“黄辣子”“牛肚菌”，四川称“油辣菇”，福建称“牛马菇”，属于担子菌亚门伞菌目红菇科红菇属。此菌味辛辣，具臭气味，有毒，食用后毒性潜伏期短，一般半小时左右即发病，主要表现为胃肠道症状，如剧烈恶心、呕吐、腹痛、腹泻等；有的还出现精神错乱、头晕眼花、乱说乱唱，严重者则有面部抽搐、牙关紧闭、视力减弱、昏睡等。大多中毒者病程较短，及时治疗可很快痊愈。臭黄菇也具有一定药用价值，是“舒筋丸”的重要原料之一，可治腰腿疼痛、手足麻木、筋骨不适、四肢抽搐等。

臭黄菇的籽实体中等大。菌盖土黄至浅黄褐色，表面黏至黏滑，边缘有由小疣组成的明显的粗条棱。菌盖直径 7—10 厘米，扁半球形，平展后中部下凹，中部往往为土褐色。菌肉污白色，质脆，具腥臭味，麻辣苦。菌褶污白至浅黄色，常有深色斑痕，长短一致或有少数短菌褶，弯生或近离生，较厚。菌柄较粗壮，圆柱形，长 3—9 厘米，呈污白色至淡黄褐色，老后常出现深色斑痕，内部松软至空心。孢子印呈白色，孢子无色，近球形，有明显小刺及棱纹。

臭黄菇夏秋季在松林或阔叶林地上群生或散生，属外生菌根

臭黄菇

菌，可与榛、桦、山毛榉、栗、铁杉、冷杉等树木形成菌根。在我国主要分布于河北、河南、山西、黑龙江、吉林、江苏、浙江、安徽、福建、湖南、广西、广东、四川、云南、甘肃、陕西、西藏等地区。

毒红菇

毒红菇，又名“呕吐红菇”，黑龙江称“棺材盖子”，四川称“小红脸菌”，外观与红菇相近，属于担子菌亚门伞菌目红菇科红菇属。食用毒红菇后主要会引发胃肠炎症，两小时内即可引起剧烈恶心、呕吐、腹痛、腹泻，严重者面部肌肉抽搐或心脏衰弱或血液循环衰竭而死亡。

毒红菇的籽实体一般较小。菌盖珊瑚红色，有时退至粉红色，

毒红菇

菌盖直径 5—9 厘米，扁半球形至平展，老后中部稍下凹，光滑，粘，表皮易剥落，边缘有棱纹。菌肉白色，味麻辣，薄，近表皮处粉红色。菌褶白色，较稀，长短不一，近凹生，褶间有横脉。菌柄白色或部分粉红色，长 4—8 厘米，粗 1—2 厘米，内部松软。孢子印为白色。孢子无色，近球形，有小刺。褶侧囊体近披针形或近梭形。

毒红菇夏秋季在林中地上散生或群生，属外生菌根菌，与多种树木形成菌根，主要分布在我国河北、辽宁、吉林、 黑龙江、河南、江苏、安徽、福建、湖南、四川、甘肃、陕西、广东、广西、西藏、云南等地区。

豹斑毒鹅膏菌

豹斑毒鹅膏菌，又名“豹斑毒伞”“斑毒伞”“斑毒菌”，属于担子菌亚门伞菌目鹅膏菌科鹅膏菌属。因含有与毒蝇鹅膏菌相似的毒素及豹斑毒伞素等毒素，食后半小时至6小时之间即产生中毒症状，主要表现为副交感神经兴奋，呕吐、腹泻、大量出汗、流泪、流涎、瞳孔缩小、感光消失、脉搏减慢、呼吸障碍、体温下降、四肢发冷等。中毒严重时出现幻视、谵语、抽搐、昏迷，

豹斑毒鹅膏菌

甚至有肝损害和出血等，一般很少致人死亡。

豹斑毒鹅膏菌的籽实体中等大。菌盖初期扁半球形，后期渐平展，直径 7.5—14 厘米，盖表面褐色或棕褐色，有时污白色，散布白色至污白色的小斑块或颗粒状鳞片，老后部分脱落，盖缘有明显的条棱，当湿润时表面黏。菌肉呈白色。菌褶呈白色，离生，不等长。菌柄圆柱形，长 5—17 厘米，粗 0.8—2.5 厘米，表面有小鳞片，内部松软至空心，基部膨大有几圈环带状的菌托。菌环一般生长在中下部。孢子印呈白色。孢子光滑无色，宽椭圆形，非糊性反应。

豹斑毒鹅膏菌夏秋季在阔叶林或针叶林中地上成群生长，属外生菌根菌，可与云杉、雪松、冷杉、黄杉、栗、栎、鹅耳枥、椴等树木形成菌根。在我国主要分布在黑龙江、吉林、河北、河南、安徽、福建、广东、广西、海南、四川、云南、贵州、西藏、青海等地区。

大青褶伞

大青褶伞，又名“绿褶菇”“绿孢环柄菇”“青褶环伞”“摩根小伞”“铅绿褶菇”，属于担子菌亚门伞菌目蘑菇科青褶伞属。大青褶伞是剧毒蘑菇，内含肝脏毒素、神经毒素、胃肠毒素和溶血毒素等 4 种毒素，食用后会造成多器官功能衰竭，并且致人死亡率相当高。

大青褶伞

大青褶伞的籽实体大，白色。菌盖直径 5—25（30）厘米，呈半球形或扁半球形，后期近平展，中部稍凸起，幼时表皮暗褐色或浅褐色，逐渐裂为鳞片，顶部鳞片大而厚，呈褐紫色，边缘渐少或脱落，菌盖部菌肉白色或带浅粉红色，松软。张开的大伞足有成人手掌的两倍大，通体白色，伞盖上点缀着星星点点的褐色凸起，好似动画片中的美丽植物。

大青褶伞夏秋季生于林中或林缘草地上，群生或散生。在我国主要分布于香港、台湾、海南等地区。

致命白毒伞

致命白毒伞，又名“致命鹅膏菌”，属于担子菌亚门伞菌目鹅膏科鹅膏菌属，是近几年在广东发现的新菌种，其毒素主要为毒伞肽和毒肽类，新鲜的蘑菇中毒素含量甚高。这些毒素对人体肝、肾、血管内壁细胞及中枢神经系统的损害极为严重，可致使人体内各器官功能衰竭而死亡，死亡率超过 95%。

致命白毒伞

致命白毒伞菌体幼时卵形，后菌盖展开成伞状，白色。菌盖直径4—7厘米，凸镜形至平展形，白色，中部奶油色。菌肉白色。菌褶白色至近白色，较密。菌柄长7—9厘米，粗0.5—1厘米，近圆柱形或略向上收细，白至近白色，基部膨大，近球形。菌环生于菌柄顶部或近顶部，薄，膜质，白色，不活动或在菌盖张开时从菌柄撕离。菌托薄，膜质，内外表面白色。

致命白毒伞常在黧蒴树的树荫下群生或散生，为菌根菌，主要生长期为广东春季温暖多雨的3、4月，5—7月也有少量出现，主要分布于广东的广州、清远、肇庆等地。

鹿花菌

鹿花菌，又名“鹿花蕈”“河豚菌”，属子囊菌门盘菌目平盘菌科鹿花菌属。鹿花菌含有鹿花菌素，水解后成为一甲基肼，可导致神经系统、消化系统等出现问题。中毒症状一般在食用后6—12小时内出现，初期有反胃、呕吐、含血腹泻等消化道症状，还可能出现眩晕、昏睡、手震、运动失调、眼球震颤、头痛、发

鹿花菌

热等症状，严重时会出现黄疸、肝（脾）肿大、血管内溶血、肾衰竭、精神错乱、昏迷等，严重者5—7天后可导致死亡。

鹿花菌的籽实体大型，具有菌盖和菌柄。菌盖不规则，像大脑，初光滑后有皱褶，颜色多样，如红色、紫色、枣色、金褐色等，高10厘米，直径15厘米。菌柄实心，高3—6厘米，直径2—3厘米，孢子印白色，孢子透明椭圆形，长17—22微米。

鹿花菌一般在春季和初夏出现，生长在温带针叶林及落叶林的沙质土壤中，多在松树下，有时也在白杨树下，主要分布于欧洲、北美洲，在北美洲山区及北部针叶林、中欧等地较为丰富，在北爱尔兰、土耳其等地也有发现。

误食鹿花菌后几小时内可用活性炭洗胃以减轻中毒症状，严重呕吐或腹泻的患者需要静脉输液治疗。肾功能受损或衰竭的患者可以用透析来治疗。出现溶血的患者需要输血来补充失去的红血球，变性血红素血症的患者则需要注射亚甲蓝。

毒粉褶菌

毒粉褶菌，又名“土生红褶菌”，属担子菌门伞菌目粉褶菌科粉褶菌属。毒粉褶菌中毒后，潜伏期约半小时，长达6小时。发病后出现剧烈恶心、呕吐、腹痛、腹泻、心跳减慢、呼吸困难、尿中带血等严重的中毒症状。

毒粉褶菌籽实体较大。菌盖直径5—20厘米，初期扁半球形，后期近平展，中部稍凸起，边缘波状，常开裂，表面有丝光，污白色至黄白色，有时带黄褐色。菌肉白色，稍厚。菌褶初期污白，老后粉红或粉肉色，直生至近弯生，稍稀，边缘近波状，不等长。菌柄白色至污白色，往往较粗壮，长9—11厘米，粗1.5—3.8厘米，上部有白粉末，表面具纵条纹，基部有的膨大。孢子印粉红色，孢子多角。

毒粉褶菌属树林外生菌根菌，可与栎、山毛榉、鹅耳枥等树木形成菌根。夏秋季在混交林地往往大量成群或成丛生长，有时单个生长。在我国主要分布于吉林、江苏、安徽、河南、河北、黑龙江等地区。

针对毒粉褶菌中毒患者，医生一般会尽快为患者进行洗胃，用特定的洗胃液清除胃内残留的毒素。同时，医生会根据患者的具体症状和病情，给予相应的药物治疗，如使用阿托品等药物缓

毒粉褶菌

解腹痛、腹泻等胃肠道症状，使用导泻药促进毒素排泄等。如果出现脱水、电解质紊乱等情况，会进行补液治疗以维持水、电解质平衡。对于病情严重的患者，可能需要进行血液净化等治疗，如血液透析、血液灌流等，以清除血液中的毒素，保护重要脏器功能。

火焰茸

火焰茸，学名“红角肉棒菌”，又称“丛生肉棒菌”，可能是目前已知毒性最强的蘑菇。食用火焰茸后约10分钟就会出现中毒反应。一开始是消化系统的腹痛、呕吐、腹泻等症状，然后是目眩、手脚麻痹、呼吸困难、语言障碍、血细胞减少、造血功能障碍、全身皮肤溃烂、肝肾功能不全、呼吸衰竭等症状，死亡率高。幸存者亦会有小脑萎缩、脱毛、脱皮、语言障碍、运动障碍等后遗症。

火焰茸籽实体红色、内部白色，外形呈棒状、手指状、火焰放射状，高一般为3—15厘米，在日本、中国、爪哇以及中美洲的哥斯达黎加等地均有发现，近年在澳大利亚也有发现记录。

火焰茸外表看起来像是辣椒，成熟时会散播黄褐色的孢子。由于一般人对其颜色与外形具有警戒，所以一般不会故意摘取食用，但有多起中毒案例实际上是由于将其误认为可食用的红珊瑚菌、冬虫夏草而引起的。

火焰茸

第四章　天下谁人不食菌

菌灵芝烧猴头菇

原料配方

菌灵芝 10 克；猴头菇 250 克；姜、葱共 50 克；芡粉 10 克；上汤 300 毫升；盐、胡椒、味精各适量；素油 30 克。

烹饪步骤

第一步：菌灵芝洗净、切片；猴头菇洗净、切小块；姜、葱洗净，姜切片，葱切节。

第二步：炒锅置旺火上，倒入素油，烧热，下姜、葱，爆出香味后掺入上汤，稍沸，捞出姜、葱不用，下入猴头菇、盐、味精、胡椒粉同烧入味后，勾芡、淋明油，摆盘即成。

食疗功效

益气血、安心神、健脾胃，适于形体虚弱、气血不足、心悸、失眠、脾胃虚弱、食欲不振等症。

红枣蒸海鲜菇

原料配方

红枣 3 颗；海鲜菇 300 克；鸡汤 100 毫升；盐适量；味精适量；胡椒粉适量；花生油适量；生粉适量。

烹饪步骤

第一步：将红枣洗净后，除去枣核，剖成两半；海鲜菇洗去泥沙，切片。

第二步：将红枣铺于蒸碗底部，摆成梅花形状，再将海鲜菇整齐铺于枣面上。

第三步：鸡汤调入盐、味精、胡椒粉、花生油灌入蒸碗内，上蒸笼蒸 10 分钟取出，扣在盘内。

第四步：将碗内汁水滗在炒锅里，调味，勾芡后浇在海鲜菇上即成。

食疗功效

补中益气、养血安神，适用于血虚萎黄、体弱肌瘦、脾虚气弱、食少便溏、倦怠乏力等症。

金针菇黄精炒肉丝

原料配方

金针菇 50 克；黄精 20 克；猪瘦肉 250 克；莴笋 50 克；豆粉 30 克；料酒 10 克；蛋清 1 个；盐适量；酱油 10 克；鸡精 3 克；姜 5 克；葱 10 克；素油 35 克。

烹饪步骤

第一步：将金针菇洗净；黄精用黑豆煮熟，切成丝；猪瘦肉洗净，切成丝；莴笋去皮，洗净，切成丝；姜切丝，葱切碎。

第二步：将肉丝放入碗内，再放入豆粉、酱油、蛋清、盐、味精，抓匀。

第三步：将炒锅置武火上烧热，下入素油烧至六成热时，下入姜、葱爆香，随即下入肉丝、黄精、金针菇、莴笋丝、料酒，炒熟，加入盐、鸡精调味。

食疗功效

补中益气、滋阴润肺、强健筋骨，适用于体虚乏力、心悸气短、肺燥、干咳、糖尿病等患者食用。

竹荪白果煎鸡蛋

原料配方

竹荪 30 克；白果 15 克；鸡蛋 2 个；盐适量；味精 3 克；素油 50 克。

烹饪步骤

第一步：将白果去壳，用温水浸泡一夜，捞起，除去白果心（因白果心含有毒元素），剁成细末，将竹荪涨发后剁成细粒。

第二步：鸡蛋打入碗内，放入白果末、竹荪、味精、盐搅匀。

第三步：将炒锅置武火上烧热，下入素油烧至六成热时改用中火，然后用筷子边搅动鸡，边徐徐往锅内倒入蛋液，待一面煎黄后，翻转过来再煎另一面，煎黄即成。

食疗功效

敛肺气、止带浊，适用于咳嗽、哮喘、白浊、白带、遗精、淋病、小便频数等症。

松茸杜仲炒牛腰

原料配方

杜仲20克；牛腰300克；黑木耳20克；松茸85克；豆粉30克；酱油10克；蛋清1个；盐5克；姜5克；葱10克；素油50克。

烹饪步骤

第一步：杜仲用盐水炒焦，打成细粉；黑木耳泡透，去杂质，撕成小片；松茸洗净，切成薄片；姜切片，葱切段。

第二步：将牛腰一切两半，除去白色臊腺后洗净，切成腰花放入碗内，加入豆粉、蛋清、酱油、盐、味精，抓匀。

第三步：将炒锅置武火上烧热，加入素油烧至六成热时，下入姜、葱爆锅，再下入牛腰花、杜仲、黑木耳、松茸、盐、料酒、酱油、味精，炒熟即成。

食疗功效

补肝肾、强筋骨，适用于肾虚腰痛、腰膝无力、高血压等症。

香菇九月鸡片

原料配方

香菇 50 克；鲜菊花瓣 100 克；鸡脯肉 600 克；鸡蛋 3 个；鸡汤 150 毫升；盐 3 克；白糖 3 克；胡椒粉 2 克；芝麻油 3 克；生姜 20 克；葱 20 克；水淀粉 50 克；玉米粉 20 克；猪油 100 克。

烹饪步骤

第一步：将鸡脯肉去皮、去筋后，切薄片；鲜菊花瓣用清水轻轻洗净，用凉水漂过；姜、葱洗净后，切成薄片；鸡蛋只留蛋清。

第二步：鸡肉片用蛋清、食盐、味精、胡椒粉、玉米粉调匀。另用盐、白糖、鸡汤、胡椒粉、味精、水豆粉、芝麻油（少许）兑成汁。香菇洗净切片。

第三步：将炒锅放至武火上烧热，放入猪油，待油五成热时，放入鸡肉片，滑散，滑透，倒入漏勺沥去油。锅接着上火，放入熟油，待油温五成热时，下姜、葱稍煸即倒入鸡肉片，烹入绍酒炝锅，把兑好的汁搅匀倒入碗中，先翻炒几下，接着把菊花瓣倒入锅内，翻炒均匀即成。

食疗功效

补养五脏、祛风明目、益血润容，适用于疮疸痈肿、风火目赤、头晕等症。

银耳山茱萸炒鲩鱼片

原料配方

银耳 50 克；山茱萸 20 克；鲩鱼 1 条（约 700 克）；豆粉 25 克；鸡蛋清 1 个；酱油 10 克；盐 5 克；味精 4 克；姜 5 克；葱 10 克；料酒 10 克；素油 70 克。

烹饪步骤

第一步：将山茱萸洗净，去杂质；鲩鱼宰杀后，去鳞、鳃、肠杂和骨，切成薄片后用芡粉、酱油、盐、味精、蛋清抓匀，挂上浆；姜切片，葱切段。

第二步：将炒锅置武火上烧热，加入素油烧至六成热时，下入姜、葱爆香，随即下入鱼片、山茱萸、银耳、盐、味精，炒匀即成。

食疗功效

补益肝肾、收敛固涩，适用于耳鸣眩晕、自汗盗汗、小便频数、遗精、月经过多、腰膝酸软等症。

茶树菇百合炒冬苋菜

原料配方

茶树菇 50 克；百合 20 克；冬苋菜 400 克；酱油 10 克；盐 5 克；味精 3 克；姜 5 克；葱 10 克；素油 50 克。

烹饪步骤

第一步：将百合用水泡发，去除杂质，沥干水分；冬苋菜择洗干净，去根及老叶，切成 4 厘米长的段；姜切片，葱切段；茶树菇洗净切片。

第二步：将炒锅置武火上烧热，下入素油烧至六成热时，下入姜、葱爆香，随即下入百合、茶树菇、冬苋菜、盐、酱油、味精，炒熟即成。

食疗功效

清热止渴、通二便，适用于口干、口渴、烦热、二便不通等症。

牛肝菌沙苑子烙鸭蛋

原料配方

牛肝菌 30 克；沙苑子 20 克；鸭蛋 2 个；葱 10 克；盐 5 克；味精 3 克；素油 50 克。

烹饪步骤

第一步：将沙苑子放入炒锅内，用文火炒香，放凉，研成细末；葱洗净，切成葱花；牛肝菌切粒。

第二步：将鸭蛋打入碗中，加入沙苑子粉、葱花、牛肝菌、盐、味精搅拌均匀。

第三步：将炒锅置中火上烧热，加入素油烧至六成热时，用筷子边搅鸭蛋边徐徐倒入炒锅内，煎黄一面后翻转过来再煎另一面，煎黄即成。

食疗功效

补肾固精、滋补气血，适用于早泄、滑精、白带、头晕、目昏、气血两虚等症。

黑木耳玉竹炒心花

原料配方

黑木耳 25 克；玉竹 30 克；猪心 1 个；豆粉 15 克；料酒 15 克；蛋清 1 个；盐 3 克；鸡精 5 克；姜 5 克；葱 10 克；素油 50 克。

烹饪步骤

第一步：将黑木耳、玉竹用温水发透，黑木耳撕成瓣，玉竹切成 4 厘米长的薄片；姜切片，葱切段。

第二步：猪心洗净，切薄片，放入碗内，加水豆粉、蛋清、酱油、料酒、盐、鸡精，抓匀。

第三步：将炒锅置武火上烧热，加入素油烧至六成热时，下入姜、葱爆香，再投入猪心片、黑木耳、玉竹、料酒、酱油、盐、鸡精，炒熟即成。

食疗功效

养阴润燥、生津止渴，适用于热病阴伤、咳嗽、烦渴、虚劳发热、小便频数、心悸等症。

玫瑰酱烧鲍鱼菇

原料配方

玫瑰花4克；鲍鱼菇350克；鸡汤200毫升；玫瑰酱20克；姜30克；葱30克；花生油30克；盐、味精、淀粉、胡椒粉各适量。

烹饪步骤

第一步：鲍鱼菇洗净，切片；玫瑰花洗净；姜、葱洗净，姜切片，葱切段。

第二步：炒锅置旺火上，倒入花生油，油热下入姜、葱、玫瑰酱，炝锅后倒入鸡汤烧沸，下鲍鱼菇、盐、味精、胡椒粉同烧，烧入味且熟后，撒入玫瑰花，勾薄芡、淋明油起锅即成。

食疗功效

行气解郁、活血止痛，适用于肝郁犯胃、胸胁脘腹胀痛、月经不调、乳房胀痛、跌打伤痛等症。

莲子高汤烧鹅蛋菌

原料配方

莲子 15 克；鹅蛋菌 300 克；高汤 200 毫升；菜心 150 克；花生油 50 克；姜 15 克；葱 15 克；盐、味精、胡椒粉、生粉各适量。

烹饪步骤

第一步：将莲子洗净，去莲心，润透；鹅蛋菌洗去泥土，切条；菜心洗净，修剪整齐。

第二步：炒锅置旺火上，锅热后倒入花生油，油热下姜、葱炝出香味，掺高汤，下入莲子，汤沸转中火，稍煮，待莲子软熟后，放入鹅蛋菌、盐、味精、胡椒粉、菜心，入味且熟，勾芡、淋明油，起锅即成。

食疗功效

补脾止泻、益肾固精，适用于脾胃虚弱、食少乏力、五更溏泻、遗精等症。

蘑菇山药炒鹌鹑

原料配方

蘑菇50克；山药20克；鹌鹑2只；胡萝卜50克；莴笋50克；料酒10克；盐5克；酱油10克；味精3克；姜5克；葱10克；素油50克。

烹饪步骤

第一步：将山药用温水浸泡一夜，切成薄片；鹌鹑宰杀后，去毛桩、内脏及爪，切成2厘米见方的小块；莴笋去皮，洗净，切薄片；胡萝卜去皮，切成2厘米见方的小块；姜切片，葱切段。

第二步：将炒锅放在武火上烧热，下素油烧至六成热时加入姜、葱爆香，再加入鹌鹑块、胡萝卜块、莴笋片、料酒、酱油、盐、味精，炒熟即成。

食疗功效

补脾、固肾、益精，适用于脾胃虚弱、气血两虚、遗精、带下等症。

滑菇白果肉丁

原料配方

滑菇 50 克；白果 20 克；净猪肉 200 克；鸡蛋 1 个；淀粉 2.5 克；水发兰片 10 克；油菜梗 15 克；猪油 50 克；鸡汤 50 毫升；葱 1.5 克；姜 0.5 克；酱油 10 克；醋 5 克；白糖 15 克；绍酒 15 克；味精 2 克。

烹饪步骤

第一步：将猪肉切成方丁，白果泡后去心，加鸡蛋和淀粉拌匀；水发兰片、油菜切成丁；姜切末；滑菇洗净后切片。

第二步：用鸡汤、白糖、酱油、醋、淀粉、绍酒和味精兑成汁。

第三步：炒锅置旺火上，下油热后，放入姜、葱炝锅，放入肉丁炒散，再入兰片丁、油菜丁、滑菇、白果速炒，倒入兑好的汁，翻炒几下，淋明油出锅即成。

食疗功效

敛肺气、定喘痰、止带浊、缩小便，适用于肺虚久咳、遗尿、白带等症。

毛峰煮双菇

原料配方

毛峰茶叶 10 克；鸡腿菇 150 克；海鲜菇 150 克；清水 300 毫升；盐、味精、胡椒粉各适量；酱油 3 克。

烹饪步骤

第一步：将清水烧沸，掺入装有毛峰茶叶的玻璃杯中，滗去头道水，取二道水；鸡腿菇、海鲜菇洗净，切片。

第二步：锅置旺火上，倒入茶水，下鸡腿菇、海鲜菇同煮，至熟，放入盐、味精、素油调味。

第三步：将玻璃茶杯、连茶带水倒置于圆盘中央，将煮熟的鸡腿菇、海鲜菇散放于茶杯周围即成。

食疗功效

提神醒脑、止渴生津、清热降火，适用于神疲倦怠、津亏口渴、火热炎上、五心烦热等症。

白灵菇天麻炒白鸽

原料配方

白灵菇 50 克；天麻 20 克；川芎 10 克；茯苓 10 克；白鸽 1 只；胡萝卜 50 克；西芹 100 克；料酒 10 克；酱油 10 克；盐 5 克；味精 3 克；姜 5 克；葱 10 克；素油 50 克。

烹饪步骤

第一步：将天麻用第二次洗米水、川芎、茯苓浸泡，再用米饭蒸熟，切片；白灵菇洗净切片。

第二步：白鸽宰杀后，去毛、内脏及爪，洗净，切成 2 厘米见方的小块；西芹洗净切 2 厘米长的段；胡萝卜去皮，切成薄片；姜切片，葱切段。

第三步：将炒锅置武火上烧热，加入素油烧至六成热时，加入姜、葱爆香，随即加入白鸽肉块、天麻、料酒、西芹、白灵菇、胡萝卜、盐、味精、酱油，炒熟即成。

食疗功效

熄风、定惊，适用于头风头痛、肢体麻木、半身不遂、小儿惊痫动风等症。

平菇炒猪腰

原料配方

平菇 100 克；黄花 50 克；猪腰 500 克；姜 5 克；蒜 5 克；葱 10 克；素油 50 克；盐、豆粉、白糖、味精适量。

烹饪步骤

第一步：将猪腰片开，剔去筋膜臊腺，洗净，切成腰花；黄花用温水泡发后，撕成细条；平菇洗净，撕成条。

第二步：将炒锅内素油烧热，先煸炒葱、姜、蒜，再爆炒猪腰花至色变熟透时，加黄花丝、平菇、盐、白糖，煸炒片刻，加豆粉，汤汁明透即成。食用时可加少量味精。

食疗功效

补肾、通乳，适用于肾虚腰痛、耳鸣、产妇奶水不足等症。

球盖菇枸杞炒牛肉丝

原料配方

球盖菇 100 克；枸杞子 20 克；牛里脊肉 300 克；芹菜 100 克；豆粉 30 克；料酒 10 克；蛋清 1 个；盐 5 克；味精 3 克；酱油 10 克；姜 5 克；葱 10 克；素油 50 克。

烹饪步骤

第一步：将枸杞子洗净，去果柄、杂质及黑籽；芹菜去叶，留梗，洗净，切 2 厘米长的段；姜切片，葱切段；球盖菇洗净切片。

第二步：牛肉洗净，切成细丝，放入碗内，加入豆粉、蛋清、料酒、酱油、盐、味精，抓匀。

第三步：将炒锅置武火上烧热，倒入素油烧至六成热时，下入姜、葱爆香，再下入牛肉丝、球盖菇炒至变色，放入芹菜、料酒、盐、味精、枸杞子，炒熟即成。

食疗功效

补肾阴、强筋骨、补气血，适用于虚损、消渴、视物不清、腰膝酸软等症。

荸荠香菇烩草菇

原料配方

荸荠 50 克；香菇 150 克；草菇 200 克；鸡汤 200 毫升；花生油 30 克；姜 15 克；葱 15 克；盐、味精、生粉各适量。

烹饪步骤

第一步：荸荠去皮洗净；香菇、草菇洗去泥土，对剖成两半。

第二步：花生油注入锅中，置旺火上，油热，下姜、葱炝出香味后，放入鸡汤、荸荠、香菇、草菇同烧，沸后稍煮，放入盐、味精、生粉等调味品，入味后勾芡，淋明油，起锅装盘即成。

食疗功效

清热生津、化痰消积，适用于肺热伤阴、咳嗽痰黏、热病烦渴等症。

鲜荷叶双菇汤

原料配方

荷叶 50 克；花菇 100 克；猴头菇 100 克；菜叶 50 克；西红柿 50 克；上汤 400 毫升；香菜 10 克；盐 3 克；鸡精 3 克；胡椒粉 2 克；芝麻油 2 克。

烹饪步骤

第一步：将荷叶洗净，切成长片；花菇、猴头菇洗净，切片；菜叶、香菜洗净，择去黄叶；西红柿洗净，去蒂去皮，切片。

第二步：锅置旺火上，倒入上汤，汤沸下荷叶、花菇、猴头菇，稍煮，继续下菜叶、西红柿、盐、胡椒粉、鸡精，汤沸起锅，倒入碗中，拣去荷叶不用，放入香菜、芝麻油即成。

食疗功效

清热解暑、升发清阳，适用于外感暑热烦渴、湿热泄泻等症。

第五章　菌菇诗词雅赏

逍遥游（节选）

庄子

小知不及大知，小年不及大年。奚以知其然也？朝菌不知晦朔，蟪蛄不知春秋，此小年也。

注释

朝菌：一种大芝，朝生暮死的菌类植物，文中喻指极短促的生命。

赏析

作者在诗中以朝菌、蟪蛄为喻，展现了生命之短暂与认知之

雷丸

局限。

作者简介

庄子（约公元前 369—约公元前 286 年），名周，战国中期道家学派代表人物，思想家、哲学家、文学家，庄学的创立者，与老子并称“老庄”。庄子最早提出的“内圣外王”思想对儒家影响深远。其文想象力极为丰富，语言运用自如、灵活多变，能把微妙难言的哲理说得引人入胜。代表作品为《庄子》，其中名篇有《逍遥游》《齐物论》《养生主》等。据传，庄子尝隐居南华山，卒葬南华山，故唐玄宗天宝初，被诏封为南华真人，作品《庄子》被奉为《南华真经》。

秋日

孙绰

萧瑟仲秋月，飂戾风云高。

山居感时变，远客兴长谣。

疏林积凉风，虚岫结凝霄。

湛露洒庭林，密叶辞荣条。

抚菌悲先落，攀松羡后凋。

垂纶在林野，交情远市朝。

淡然古怀心，濠上岂伊遥。

注释

飂戾：风声。

菌：野菌。

垂纶：垂钓。

濠上：出自《庄子·集释》，后多用“濠上”比喻别有会心、自得其乐之地，把崇尚老庄说成是濠上之风。

赏析

东晋时期的士大夫，生活在较为富足安定的环境中，追求的是一种“心隐”的生活，无论在庙堂还是在江湖，只求意而已。当时方内名士与方外高僧无不追求这种生活方式，而这一生活的

鸡腿菇

主体表现，便是寄情于山水、清谈。此诗便是作者感于秋天大自然万木萧条而青松后凋的景象，为了抒发自己逍遥林野、放情山水、淡泊宁静的情怀而创作的。“抚菌悲先落”，此处悲感自菌类生命之短暂发生，也是感人生短暂、时光飞逝之慨。

作者简介

孙绰（314—371年），东晋太原中都（今晋中榆次）人，字兴公。少以文称。初居会稽，游放山水。与许询并为玄言诗人，亦能赋，尝作《天台山赋》，辞致甚工，自谓掷地有金石声，为当时文士之冠。名公之碑，必请绰为文。除著作佐郎，累迁廷尉卿，领著作。原有集，已佚，明人辑有《孙廷尉集》。

游东田

谢朓

戚戚苦无悰，携手共行乐。
寻云陟累榭，随山望菌阁。
远树暧阡阡，生烟纷漠漠。
鱼戏新荷动，鸟散余花落。
不对芳春酒，还望青山郭。

注释

陟：登，上。

累榭：重重叠叠的楼阁。

菌阁：华美的楼阁。王褒《九怀》有“菌阁兮蕙楼”，用菌、蕙等香草来形容楼阁的华美。

赏析

《游东田》这首五言古诗，描写了诗人与友人携手同游东田所见的美景和心中所感。诗人健步登临高高的楼榭，纵目眺望东田自然风光，由远及近，尽收眼底；再写一组鱼与荷、鸟与花的特写镜头，通过动态，突出景物的多姿多彩和勃勃生机；最后从写景转到抒情，表现了诗人对美好自然风光的深深喜爱之情，也展现了与友人相处愉快、寄情山水的愉悦之情。

榆黄菇

作者简介

谢朓（464—499年），字玄晖，斋号高斋，陈郡阳夏县（今河南太康）人，出身陈郡谢氏，与“大谢”谢灵运同族，世称“小谢”。南齐诗人。谢朓曾与沈约等共创“永明体”。今存诗200余首，长于五言诗，多描写自然景物，间亦直抒怀抱，诗风清新秀丽，圆美流转，善于发端，时有佳句；又平仄协调，对偶工整，对唐代律诗、绝句的形成有重要影响。有集已佚。后人辑有《谢宣城集》。

寄天台道士

孟浩然

海上求仙客，三山望几时。
焚香宿华顶，裛露采灵芝。
屡践莓苔滑，将寻汗漫期。
倘因松子去，长与世人辞。

注释

裛：古同“浥”，沾湿。

莓苔：青苔。

猩红精灵杯

汗漫：渺茫不可知。

赏析

《寄天台道士》是一首充满浪漫主义色彩的诗，通过描绘海上求仙、焚香宿华顶、浥露采灵芝等场景，展现了诗人对道家生活的向往和对仙人生活的渴望。诗中提到的“海上求仙客，三山望几时”以及“焚香宿华顶，裛露采灵芝”等句子，都是对道家生活的一种理想化描绘，反映了诗人对于超脱世俗、追求长生不老和心灵宁静的渴望，这也是探索“永恒”的实践。

作者简介

孟浩然（689—740 年），字浩然，号孟山人，襄州襄阳（今湖北襄阳）人，唐代著名的山水田园派诗人，世称“孟襄阳”。孟浩然生于盛唐，早年有志用世，在仕途困顿、痛苦失望后，尚能自重，不媚俗世，修道归隐终身。孟诗绝大部分为五言短篇，多写山水田园和隐居的逸兴以及羁旅行役的心情。其中虽不无愤世嫉俗之词，而更多属于诗人的自我表现。孟浩然的诗在艺术上有独特的造诣，后人把孟浩然与盛唐另一山水诗人王维并称为“王孟”，有《孟浩然集》3 卷传世。

答道士寄树鸡

韩愈

软湿青黄状可猜，欲烹还唤木盘回。
烦君自入华阳洞，直割乖龙左耳来。

注释

树鸡：即木耳。

橘皮菌

赏析

从诗的内容来看，韩愈通过道士要求寄送“树鸡”这一奇特要求，巧妙地表达了对当时社会某些现象的不满和讽刺。诗中的“树鸡”实际上是指木耳，而道士要求的是“乖龙”的左耳，这种荒诞的要求实际上是对社会上某些不合理要求的讽刺。通过这种夸张和想象的手法，韩愈巧妙地揭示了社会的某些不合理现象，表达了对社会现实的批评。

作者简介

韩愈（768—824年），字退之，唐代文学家、哲学家、思想家，河南河阳（今河南焦作孟州）人，祖籍昌黎，世称“韩昌黎”，又称“韩吏部”“韩文公”。韩愈作为唐代古文运动的倡导者，名列“唐宋八大家”之首，有“文章巨公”和“百代文宗”之名。与柳宗元并称“韩柳”，与柳宗元、欧阳修和苏轼并称“千古文章四大家”。倡导“文道合一”“气盛言宜”“务去陈言”“文从字顺”等写作理论，对后人具有重要指导意义。著有《韩昌黎集》等。

东还

李商隐

自有仙才自不知，十年长梦采华芝。
秋风动地黄云暮，归去嵩阳寻旧师。

注释

华芝：灵芝，仙药。又指华盖，高官显贵者所用。扬雄《甘泉赋》言：“于是乘舆乃登，夫凤凰兮而翳华芝。”

白玉菇

赏析

诗的首句写诗人自己具备成仙的资质，却尚未有成就，实自误仙才；次句说自己久有入道之志，常梦仙药华芝，真有仙缘；三四句写当此秋风阵阵、日暮途穷之时，应归向嵩山之阳，寻旧师而入道求仙。这首诗语言平易，感情低沉寥落，可见诗人思想中最理想的还是早日入世，而并不真正愿意隐遁求仙。诗句通俗易懂、内涵深刻，所谓“旧师”虽然表面看是过去求道时拜的老师，但深层次看，也是指归隐山林中独面自己、内寻真谛。

作者简介

李商隐（约 813—约 858 年），字义山，号玉溪（谿）生、樊南生，唐代著名诗人，祖籍河内沁阳（今河南焦作），出生于郑州荥阳。他擅长诗歌写作，骈文文学价值也很高，是晚唐最出色的诗人之一，和杜牧合称“小李杜”，与温庭筠合称为“温李”，因诗文与同时期的段成式、温庭筠风格相近，且三人都在家族里排行第十六，故并称“三十六体”。其诗构思新奇，风格秾丽，尤其是一些爱情诗和无题诗写得缠绵悱恻，优美动人，广为传诵。但部分诗歌过于隐晦迷离，难于索解，有“诗家总爱西昆好，独恨无人作郑笺”之说。作品收录为《李义山诗集》。

与参寥师行园中得黄耳蕈

苏轼

遣化何时取众香，法筵斋钵久凄凉。
寒蔬病甲谁能采，落叶空畦半已荒。
老楮忽生黄耳菌，故人兼致白芽姜。
萧然放箸东南去，又入春山笋蕨乡。

注释

黄耳蕈：此处指金针菇。北宋元丰元年（1078 年），苏轼任徐州知州，在知州衙门逍遥堂的后花园内，曾从构树上采金针菇（黄耳蕈），辅以白芽姜，醋泡过后即成一道菜。这首诗就是苏轼与好友——杭州名僧参寥和尚品尝这道菜后写下的。

真姬菇

众香：佛国名，《维摩经》有“国名众香”的记载。

法筵：僧人讲说佛法的座席。

赏析

苏轼在诗中提到的“黄耳菌”和“白芽姜”不仅是食材，也是生活中的美好和希望的象征。整首诗通过对自然景观的描绘，传达了诗人对于生活的感悟和对未来的期待，体现了苏轼作为一位文人兼美食家的独特视角和情感。“老楮”通过生发出黄耳蕈实现了生命的延续和创新。“白芽姜”也经常被用来指代年轻人。“黄耳蕈”和“白芽姜”的搭配，也是两代人的搭档，能够各取其妙，共铸美好。此外，苏轼还通过“老楮忽生黄耳菌，故人兼致白芽姜”句表达了对友情的珍视。

作者简介

苏轼（1037—1101年），字子瞻、和仲，号铁冠道人、东坡居士，世称“苏东坡”“苏仙”，眉州眉山（今四川眉山）人，祖籍河北栾城，北宋著名文学家、书法家、画家。苏轼是北宋中期文坛领袖，在诗、词、散文、书、画等方面取得了很高成就。文纵横恣肆；诗题材广阔，清新豪健，善用夸张比喻，独具风格，与黄庭坚并称“苏黄”；词开豪放一派，与辛弃疾并称“苏辛”；散文著述宏富，豪放自如，与欧阳修并称“欧苏”，为“唐宋八大家”之一。苏轼善书，为“宋四家”之一；擅长文人画，尤擅墨竹、怪石、枯木等。与韩愈、柳宗元和欧阳修合称“千古文章四大家”。作品有《东坡七集》《东坡易传》《东坡乐府》《潇湘竹石图卷》《古木怪石图卷》等。

常父寄蕈

孔平仲

此物固已美，采之从历山。
蒙兄远相寄，深意在加餐。
冷落畲盐地，萧条蓬艾间。
书云次越品，宁复昔时欢。

注释

蕈：高等菌类植物，种类很多，无毒的可食用，尤指蘑菇。

历山：位于山西省南部垣曲县、翼城县、阳城县、沁水县交界处。

赏析

此诗通过描述收到友人寄来的蕈，表达了作者对友情的珍视和感激。“此物固已美，采之从历山”描绘了友人精心挑选礼物的行为，而“蒙兄远相寄，深意在加餐”则表达了作者对友人深意的理解和感激；“冷落畲盐地，萧条蓬艾间”描绘了作者所处的环境之简陋，而“书云次越品，宁复昔时欢”则表达了作者收到礼物后的复杂情感，暗示无法再重现昔日的快乐时光。

作者简介

孔平仲（1044—1111 年），字毅父，孔子后裔，今江西省峡

团炭角菌

江县罗田镇西江村人。北宋文学家、诗人。他与兄长孔文仲、孔武仲“以文章名世”（《宋诗钞》），嘉祐、治平年间连续三科顺次登进士第，元祐初同入朝为官，声名卓著，时号“三孔”，有“二苏（苏轼、苏辙）联璧，三孔分鼎”（黄庭坚语）之誉。孔平仲著有《续世说》《孔氏谈苑》《珩璜新论》等。《清江三孔集》40 卷中，孔平仲占 21 卷。作为与“二苏”同时并受其影响的作家，孔平仲的诗歌风格有一些类似于苏轼的豪放雄迈，但主要近于苏辙，尤以流丽清整、通畅明快见长。

茯苓

李彭

忆昨舍边松雪明，于今偃盖入青冥。

何时容我携长镵，翻动龙蛇取茯苓。

注释

茯苓：多孔菌科茯苓属真菌，可供食用或作中药，具有渗湿

茯苓

利水、健脾和胃、宁心安神等功用。

长镵：亦作“长搀”，古代踏田农具。

赏析

此诗首句“忆昨舍边松雪明”让人仿佛能看到诗人回忆起往昔，舍边的松树在雪的映衬下格外明亮；“于今偃盖入青冥”则将时间线拉至现在，松树的枝干已经高耸入云，暗示着时间的流逝和事物的变化；“何时容我携长镵，翻动龙蛇取茯苓”表达了诗人对未来的期待，他想象着未来某时，能够携带工具，深入山林，寻找珍贵的茯苓。这里，“长镵”象征着探索和努力；“龙蛇”则是对茯苓的隐喻，既指其形态复杂，也暗含着寻找过程的艰难与神秘。整首诗通过对比和想象，展现了诗人对自然的热爱、对生活的向往以及对未知世界的好奇与探索。

作者简介

李彭（生卒年不详），字商老，南康军建昌（今江西永修）人，江西诗派诗人。博览群书，诗文富赡，为江西派大家，曾与苏轼、张耒等唱和。甚精释典，被称为“佛门诗史”。

食十月蕈

汪藻

佳蕈出何许，南山白云根。
畦丁入云采，遍以脱叶翻。
戢戢寸玉嫩，累累万钉繁。
中涵烟霞气，外绝沙土痕。
下箸极隽永，加餐亦平温。
伊昔贵公子，鲜肥厌羔豚。
争啖肉菌美，共品天花尊。
居然此珍产，以远莫见论。
生令五鼎味，但饱三家村。
伊余少所嗜，头白归故园。
日获甘脆享，人言老饕存。
栮脯固已陋，竹枯何足言。
从今大嚼处，不复思屠门。

注释

栮脯：干木耳。

屠门：肉市。

奶浆菌

赏析

这首诗从蕈的生长环境、采摘过程、形态味道等方面进行了细致的描写，运用了比喻、对比等手法，生动形象地展现了十月蕈的独特魅力。同时，诗人通过对蕈的赞美，表达了自己对自然美味的喜爱和对质朴生活的向往，蕴含着一种超脱世俗的情怀。诗歌语言优美，描写细腻，意境清幽，是一首值得品味的佳作。

作者简介

汪藻（1079—1154 年），北宋末、南宋初文学家。字彦章，号浮溪，又号龙溪，饶州德兴（今属江西）人。早年曾向徐俯、韩驹学诗，入太学，喜读《春秋左氏传》及《汉书》。崇宁二年（1103）进士，任婺州（今浙江金华）观察推官、宣州（今属安徽）教授、著作佐郎、宣州（今属安徽）通判等职。《全宋词》录其词 4 首。

藏六庵

李邴

莫言藏六便忘筌，一六俱非是本然。

枯木有人能采菌，白牛无地可施牵。

注释

藏六：此处指心不向外求，“藏”即隐藏，收敛；“六”指六尘（眼、耳、鼻、舌、身、意），佛教认为这些外在诱惑会让

桑黄

人产生执着。

忘筌：忘掉竹制的捕鱼工具，意为抛弃技巧和方法。

一六俱非：一切有形的都并非本质。

采菌：采摘蘑菇，此处指获取佛法。

赏析

这首诗以“藏六”为主题，表达了作者对人生境界的追求与探索。在诗中，“藏六”被视为一种境界，意味着超越世俗的羁绊，回归自然之本。同时，诗歌也传达了作者对人生哲理的领悟：尽管我们试图寻求内心的宁静，但真正的自由在于放下执着，回归生命的本真。这种境界正如那句禅语所言：“一六俱非是本然。”意为不要执着于世间的一切，才能真正体会到生命的真谛。作者前两句在写“空”，意思是在不能“着相”、看空一切，后两句在写“空空”把“空”也空掉，“采”“牵”都是了悟之后的具体实践。

作者简介

李邴（1085—1146 年），字汉老，号龙龛居士，累赠太师，谥文敏，改谥文肃。祖籍山东济州任城，后迁居泉州，遂为泉州人。好游山水，以诗自娱，南安胜迹，题咏尤多。著有《草堂集》100 卷。

东村

陆游

野人知我出门稀，男辍钮耰女下机。

掘得此菇炊正熟，一杯苦劝护寒归。

注释

野人：乡野之人，即农夫。

赏析

《东村》是陆游的系列诗，有十多首。通过描绘乡村的生活

冠状珊瑚菌

和人物，展现了人性的善良和淳朴，反映了陆游对乡村社会的关注和对人性的深刻理解。

作者简介

陆游（1125—1210 年），字务观，号放翁，越州山阴（今浙江绍兴）人，尚书右丞陆佃之孙，南宋文学家、史学家、爱国诗人。其创作的诗歌今存 9000 多首，内容极为丰富。著有《剑南诗稿》《渭南文集》《南唐书》《老学庵笔记》等。陆游一生笔耕不辍，诗词文俱有很高成就，其诗语言平易晓畅、章法整饬谨严，兼具李白的雄奇奔放与杜甫的沉郁悲凉，尤以饱含爱国热情对后世影响深远。

蕈子

杨万里

空山一雨山溜急，漂流桂子松花汁。
土膏松暖都渗入，蒸出蕈花团戢戢。
戴穿落叶忽起立，拨开落叶百数十。
蜡面黄紫光欲湿，酥茎娇脆手轻拾。
响如鹅掌味如蜜，滑似莼丝无点涩。
伞不如笠钉胜笠，香留齿牙麝莫及。
菘羔楮鸡避席揖，餐玉茹芝当却粒。
作羹不可疏一日，作腊仍堪贮盈笈。

注释

蕈子：此处指蘑菇。

菘羔：菘菜和羔羊。

楮鸡：楮树上生的木耳。

赏析

作者通过对蕈子的生动描绘，展现了蕈子的生长环境、形态特征以及食用价值，表达了作者对自然和美食的敏锐观察和深刻理解，以及他对生活的热爱和对美的追求。“作羹不可疏一日，作腊仍堪贮盈笈”强调制作蕈子羹（一种酱菜）的重要性，不应

喇叭菌

错过任何一天；而对于适合保存的部分，则可以长时间贮存。

作者简介

杨万里（1127—1206 年），字廷秀，号诚斋，吉州吉水（今江西吉水）人。南宋著名诗人，与陆游、尤袤、范成大并称为“中兴四大诗人”。因宋光宗曾为其亲书“诚斋”二字，故学者称其为“诚斋先生”。杨万里一生作诗两万多首，传世作品有 4 200 首，被誉为一代诗宗。他创造了语言浅近明白、清新自然、富有幽默情趣的“诚斋体”。杨万里的诗歌大多描写自然景物，且以此见长。著有《诚斋集》等。

怪菌歌

杨万里

雨前无物撩眼界，雨里道边出奇怪。
数茎枯菌破土膏，即时便与人般高。
撒开圆顶丈来大，一菌可藏人一个。
黑如点漆黄如金，第一不怕骤雨淋。
得雨声如打荷叶，脚如紫玉排粉节。
行人一个掇一枚，无雨即阖有雨开。

注释

掇：拾取。

阖：关闭。

赏析

诗人用生动的语言和细腻的描绘，展现了雨后奇菌的景象，表现了对自然和生活的独特感悟。整首诗不仅富有想象力，而且充满了对自然的热爱和生活的幽默感。

棒瑚菌

石桥纹蕈

高似孙

绝冥万丈深，积翠凌空危。清涧月自浴，孤芳人不知。
石骨溜香髓，榲苓涌凉脂。忽然青云阴，见紫白玉姿。
冉冉露痕重，漼漼雪花滋。淑气注阳鼎，甘津灌华池。
开经拜修静，得道推安期。聊欲燕其阳，饱食五色芝。

注释

苓：即茯苓。

五色芝：即灵芝。

赏析

诗中的“绝冥万丈深，积翠凌空危”描绘了深邃的山涧和凌空的翠绿景色，而“清涧月自浴，孤芳人不知”则表达了一种孤芳自赏的意境，强调了自然美景中的宁静与神秘。整首诗不仅展现了自然之美，也表达了对生命、

紫蜡蘑

自然和人生的深刻思考。

作者简介

高似孙（1158—1231年），字续古，号疏寮，鄞县（今浙江宁波）人（清康熙《鄞县志》卷一〇），一说余姚（今属浙江）人（清光绪《余姚县志》卷二四）。高似孙著述甚富，曾经辑集《经略》《史略》《子略》《集略》《骚略》《纬略》6种，又有《剡录》《文苑英华钞》等。高似孙的诗歌作品编为《疏寮集》《文献通考》等，今存本只有《疏寮小集》1卷。

浣溪沙·日射人间五色芝

元好问

日射人间五色芝，鸳鸯宫瓦碧参差。西山晴雪入新诗。

焦土已经三月火，残花犹发万年枝。他年江令独来时。

注释

浣溪沙：原为唐教坊曲名，后用为词牌名。此调分平仄两体，字数以 42 字居多，另有 44 字和 46 字两种。

鸳鸯宫瓦：宫瓦俯仰相次，故以鸳鸯名之。

赏析

此词的上片追忆金朝往昔盛况，借眼前之景写怀念旧君之情；下片转写现实，蒙古军烧杀抢掠，社稷倾覆，故都化为焦土，而花枝树木不知人事之悲，依然年复一年自开自落，物

小皮伞

是人非，愈感悲痛。全篇采用今昔对比的手法，写世事变迁、寓黍离之悲，是血泪相和流的国难实录，语极痛切，情极感人，具有打动人心的艺术力量。

作者简介

元好问（1190—1257年），字裕之，号遗山，世称遗山先生，太原秀容（今山西忻州）人。金代著名文学家、历史学家。元好问是宋金对峙时期北方文学的主要代表、文坛盟主，又是金元之际在文学上承前启后的桥梁，被尊为“北方文雄”“一代文宗”。他擅作诗、文、词、曲，其中以诗作成就最高，“丧乱诗”尤为有名；其词为金代一朝之冠，可与两宋名家媲美；其散曲虽传世不多，但当时影响很大，有倡导之功。著有《元遗山先生全集》《中州集》。

次韵采菌

方岳

秋崖不惯大官肉，雪屋为出斋房芝。
山灵颇怜世味薄，风格略与诗情宜。
菘膰何但退三舍，蕨拳恨不同一时。
自寻堕樵了幽寂，岂料枯卉能神奇。
群仙餐霞吸沆瀣，豪贵蒸乳盛琉璃。
砖炉石鼎煮飞瀑，此妙勿令渠辈知。

注释

菘膰：古代祭祀用的熟肉，通常用于重要的祭祀仪式中。此外，菘膰也指现代所说的白菜。

蕨拳：蕨类植物的嫩芽，因其端部卷曲如拳而得名。蕨拳在古代被称为“拳菜”或“蕨菜”，是一种常见的野菜，初生时形似小儿拳，长则展开如风尾。

蛹虫草

赏析

从内容来看，本诗通过描绘秋天的景色和诗人的生活状态，表达了对自然美景的热爱。诗中提到的“秋崖不惯大官肉，雪屋为出斋房芝”，以及“山灵颇怜世味薄，风格略与诗情宜”，不仅展示了诗人对自然美景的欣赏，也反映了他面对世俗生活的超脱态度。从“自寻堕樵了幽寂，岂料枯卉能神奇”的描述可以看出诗人对于隐逸生活的向往和享受。这首诗不仅是对自然美的赞美，也是对人生价值和精神追求的深刻反思。

作者简介

方岳（1199—1262年），南宋诗人、词人，字巨山，号秋崖，祁门（今属安徽）人。绍定五年（1232）进士，曾为文学掌教，后任袁州太守，官至吏部侍郎。因忤权要史嵩之、丁大全、贾似道诸人，终生仕途失意。工于诗，多描写农村生活与田园风光，质朴自然。其词多抒发爱国忧时之情，风格清健。著有《秋崖集》40卷，词集《秋崖词》。

山墅

方岳

且莫嫌穷僻，山居尽自奇。候樵分玉蕈，熏穴得香狸。
杯隽明冰片，崖寒孕雪芝。不遗吾一美，惭尔野人为。

注释

惭：惭愧之义。

雪芝：蕈的一种，可入药，传说为仙人的饮饵。雪芝一般生长在2800—3200米之间的雪线上，每年的采摘时间为9—10月，主要产在天山山脉伊犁段约200平方公里的范围内。

赏析

全诗表现了诗人居山之中不求富贵，却因山林间的奇妙发现而感到喜悦，赞美了山中的奇珍异宝和自然之美，同时也感慨自己的不足，对山野之人的帮助充满感激之情，展现了作者复归自然之后的愉悦心情。

白蛋巢菌

宿牛群头

胡助

荞麦花开草木枯，沙头雨过茁蘑菇。
牧童拾得满筐子，卖与行人供晚厨。

注释

沙头：沙洲边。

马勃

赏析

诗的前两句描绘出一幅雨后自然界的生机勃勃的景象图。这里的“茁”字形象地描绘了雨后蘑菇的旺盛长势及数量之多，从而表现了大自然的生机盎然，让人们感受到了作者对自然美景的喜爱之情。诗的后两句通过牧童捡满一筐蘑菇并卖给行人的情节，展现了旅途中的生活片段，让读者感受到了诗人在旅途中的轻松、愉悦之情。

作者简介

胡助（1278—1355 年）字履信，一字古愚，自号纯白道人，元代婺州东阳（今属浙江）人。好读书，有文采。举茂才，授建康路儒学录。荐改翰林国史院编修官。后以太常博士致仕卒。著有《纯白斋类稿》。

菌子诗追和杨廷秀韵

史迁

松花冈头雷雨急，坡陀流膏渍香汁。
新泥日蒸气深入，穿苔破藓钉戢戢。
如盖如芝万玉立，紫黄百余红间十。
燕支微匀滑更湿，倾筐盛之行且拾。
天随杞菊谩苦涩，采归芼之脱巾笠。
桑鹅楮鸡皆不及，嫫姑天花当拱揖。
盐豉作羹炊玉粒，先生饱饭踏晓日，更遣樵青行负笈。

石耳

注释

桑鹅：即桑耳，生于桑树上的菌，可食，亦可入药。

蟆姑：即蘑菇。

赏析

这首诗不仅是对菌类的一种赞美，也是对自然和生活的赞美，体现了诗人积极向上的生活态度、对美食的热爱，以及对美好生活的向往。

作者简介

史迁（生卒年不详），字良臣，元末明初镇江府（辖境相当于今江苏省镇江、丹阳、金坛等市县）人，笃学慎行，屡征不起，洪武中辟召为蒲城知县，迁忻州知州，以祀事去官。复知廉州，所至以治称。归田 10 年，作《老农赋》以自见，又追和元遗山乐府 300 篇。著有《清吟集》。

入京

于谦

绢帕麻菇与线香，本资民用反为殃。
清风两袖朝天去，免得闾阎话短长。

翘鳞伞

注释

麻菇：即草菇，肉质肥嫩脆滑，味道鲜美，口感极好，具有较高的营养价值。

殃：祸害。

闾阎：平民。

赏析

这首诗尽显于谦诗语言质朴、自然的特征，在抨击当时进贡歪风的同时，也表现出诗人铁骨铮铮、不愿同流合污的高洁志向和品质。“两袖清风”的意象则常被后世人用来比喻为官廉洁。

作者简介

于谦（1398—1457 年），字廷益，号节庵，官至少保，世称于少保，谥曰忠肃，明代浙江杭州钱塘县人。因参与平定汉王朱高煦谋反有功，得到明宣宗器重，担任明朝山西、河南巡抚。明英宗时期，因得罪王振下狱，后释放，起为兵部侍郎。土木堡之变后明英宗被俘，郕王朱祁钰监国，擢兵部尚书。于谦力排南迁之议，决策守京师，与诸大臣请郕王即位。瓦剌兵逼京师，督战，击退之。论功加封少保，总督军务。天顺元年因“谋逆”罪被冤杀。与岳飞、张煌言并称“西湖三杰”。有《于忠肃集》。

感宜兴善权寺寥落

沈周

有客新寻古洞回，国山无处问茶杯。
僧烦籍役兼徒去，虎熟禅堂引子来。
雨烂竹菇春委顿，风惊松箨夜摧颓。
未应灵胜随人往，碧殿犹存火篆雷。

紫绒丝膜菌

注释

竹菇：生在竹根上的菌，又名“竹肉”“竹蓐”。清曹寅《菊蟹竹菇》诗云：“竹菇丁倒自圆匀，缚束韩彭一辈新。”

赏析

诗人借描述宜兴善权寺的历史变迁，将读者带入了一个充满历史沧桑感和文化沉思的空间，使读者对历史和文化的价值有了更深的思考和认知。

作者简介

沈周（1427—1509年），明代杰出书画家，字启南，号石田、白石翁、玉田生、居竹居主人等，长洲（今江苏苏州）人。不应科举，专事诗文、书画，是明代中期文人画“吴派”的开创者，与文征明、唐寅、仇英并称“明四家”。传世作品有《庐山高图》《秋林话旧图》《沧州趣图》。著有《石田集》《客座新闻》等。

采菇曲

李梦阳

其一

众星欲没月模胡，人家河上起相呼，相呼相唤采秋菇。

问渠早起缘何事，此草日出化作田中枯。

采菇采菇君早归，霜寒露重湿人衣。

蓝田白玉非无种，不似商山好蕨薇。

其二

白如白玉簪，香如玉田禾。

行人且莫行，听我采菇歌。

侬家住在黄河曲，一日波涛怨杀河。

河来有鱼去有麦，麦下秋霜菇菜多。

不求河血城南去，只愿年年河不波。

注释

蕨薇：蕨与薇均为山菜，每联用之以指代野蔬。

赏析

《采菇曲》是一组充满生活气息和自然情趣的诗作。诗人通过对秋菇的形态、香气及采集过程的描绘，向世人传达了一种宁

裂褶菌

静淡泊的生活态度，让人在阅读过程中感受到一种宁静和美好。

作者简介

李梦阳（1472—1530年），字献吉，号空同，庆阳府安化县（今甘肃庆城）人，迁居开封，明代中期文学家。工书法，得颜真卿笔法，精于古文词，提倡“文必秦汉，诗必盛唐”，强调复古，《自书诗》师法颜真卿，结体方整严谨，不拘泥规矩法度，学卷气浓厚。

沐五华送鸡㙡

杨慎

海上天风吹玉芝，樵童睡熟不曾知。

仙翁住近华阳洞，分得琼英一两枝。

霍氏粉褶菌

注释

鸡纵：即鸡纵菌。

赏析

这首优美的诗歌是诗人内心世界的真实写照："仙翁住近华阳洞"点出了诗中的仙人居住之地，华阳洞寓指隐逸高人的居所，暗示了此地的非凡之处；"分得琼英一两枝"表达了诗人对仙人分享仙草的羡慕之情，同时也暗含了对美好事物的向往和追求。通过自然景观和仙人生活的描绘，诗人传达了自己对于高洁情操和超凡脱俗生活的追求，同时也反映了明代文人的精神风貌和时代特征。

作者简介

杨慎（1488—1559 年），字用修，初号月溪、升庵，又号逸史氏、博南山人等，四川新都（今成都新都）人，明代著名文学家，明代三才子之首。他参与编修了《武宗实录》。其著作达 400 余种，涉及经史方志、天文地理、金石书画、音乐戏剧、宗教语言、民俗民族等，被后人辑为《升庵集》。

北门

金病鹤

北门风味早秋凉，蕈子新鲜栗子香。
白玉笋鞭翡翠豆，银丝萝卜象牙姜。
鲈羹鸡片人嫌贵，薄酒清茶我惯尝。
野饭花灯本无用，醉归犹得趁斜阳。

绣球菌

注释

笋鞭：竹的地下茎。

赏析

这首诗描绘了秋季北门的美食风情，诗人以细腻的笔触，将各种食材的鲜美与季节的气息融合在一起，营造出一幅生动的食色画卷。首句“北门风味早秋凉”，点明地点和时节，暗示着秋季的凉爽为美食的品尝提供了适宜的环境。接下来，“蕈子新鲜栗子香”一句，通过“新鲜”和“香”两个词，强调了食材的新鲜度和美味程度，让人仿佛能闻到食物的香气。“白玉笋鞭翡翠豆，银丝萝卜象牙姜”两句，运用了比喻和色彩对比的手法，将食材的形象描绘得栩栩如生。白玉般的笋鞭、翡翠色的豆子、银丝状的萝卜、象牙般的生姜，不仅展现了食材的质感，也体现了诗人对美食的审美情趣。“鲈羹鸡片人嫌贵，薄酒清茶我惯尝”两句，反映了诗人的生活态度和品味。鲈鱼羹和鸡片虽贵，但诗人并不在意价格，更愿意享受美食带来的乐趣；而薄酒清茶则是他日常的喜好，体现了他对简单生活的追求。

作者简介

金病鹤（1865—1931 年），名鹤翔，字幼香，江苏常熟人，南社社员，常熟虞社名誉社长。有《病鹤诗稿》《病鹤词稿》等。

第六章　菌菇逸事拾遗

下田菇神庙逸事

菇神庙，又名“五显庙”，位于龙泉市龙南乡下田村中央，白墙青瓦，斗拱飞檐，气势恢宏。庙宇初建于明神宗十五年，即公元 1588 年，占地面积 1000 多平方米，由下田村项氏申一、申二兄弟所建，菇民捐资。清咸丰十一年（1861）进行了扩建；清光绪十六年（1891），菇神庙扩建大门与戏台，规模进一步壮大。

如今，菇神庙依然保存完好，大门上“威镇南天”4 个大字气势磅礴，两边写有楹联“见三眼光明通天下普照；本五行正气佑万物滋生”。意思是说，借菇神三眼光明普照天下，以一年四季的正气佑万物生长。

这座庙宇之所以“威震南天”，是因为它是龙、庆、景香菇文化的代表，也是世界香菇历史文化的特殊遗迹。庙里供奉的菇神是五显大帝，五兄弟名字分别为显聪、显明、显正、显志、显德。每年夏天，龙泉、庆元、景宁的菇民们都要在菇神庙里隆重举办菇神庙会。这一习俗已经延续了 270 多年。

为什么菇民把五显大帝供奉为菇神呢？传说在很久很久以前，大帝五兄弟忽然心血来潮，想做一笔蚀本生意。那年 6 月，他们挑了 5 担冬天烤火用的火笼到集市上去卖。赤日炎炎，路人都用惊奇的目光看着他们。说来奇怪，过了不多久，天空突然乌云滚滚，寒风怒号，竟下起了鹅毛大雪，冻得人们牙关打战，火笼一下子卖光了。

到了冬天，五兄弟又到做扇子的地方买了几十担扇子送到集市上去卖。他们想，这下子总要蚀本了吧？让他们没想到的是，突然间，骄阳似火，天气热得不得了，人们汗流浃背，扇子又被一抢而空。五兄弟惊得目瞪口呆，为什么蚀本的生意这般难做？

过了年，五兄弟又想出一个主意，他们带着斧头把自家后山上的杂木砍掉，并用刀在每棵树上乱砍，兄弟们看到这些被砍得乱七八糟的树木，心想，这回总该蚀本了。谁知到了冬天，满山的杂木长出了白花花的菇，五兄弟把这些菇拿到家中煮起来吃了。一入嘴，滑溜溜，香喷喷，十分可口！“如此美味佳肴，就叫它香菇吧！”五兄弟中的一人说道。自此，他们爱上了香菇的味道，开始做起了香菇，后来还把技艺传授给了村民们。就这样，华夏大地又增添了一道营养丰富的美味。

庙里还供奉着另一位菇神——吴三公。吴三公，名吴昱，又名吴老三。宋高宗建炎四年（1130）生于龙泉、庆元、景宁交界处离下田村不远的龙岩村，是当地土生土长的农民，也是人工栽培香菇的鼻祖。

据说，吴老三与母亲在深山老林里相依为命。有一天，吴老三上山打猎，远远地看见一头野猪，便紧跟着跑进一片千年古林里。这里的烂树木上长满了黄色的、褐色的、白色的菇蕈，吴老三见野猪用鼻子闻了闻，狠狠地吃了几口，又跑向更深的林子里，一会儿就不见了。野猪是追不上了，吴老三来到菇蕈旁，摘了一些回家，准备让母亲做了充饥。

香菇始祖吴三公朝圣大典

走到一个山岙时，吴老三突然听到打斗声。他走近一看，居然是一条丈余长、米斗粗的蟒蛇正在与一位姑娘搏斗。蟒蛇体形硕大，游走灵活，这位姑娘显然也是练家子，她毫不示弱，用一双有力的手紧紧掐住了大蟒蛇的脖子。那蛇被掐得难受，张开血盆大口，吐出舌头，仅坚持了几分钟，就一动不动了。姑娘也筋疲力尽了，可正当她准备坐下来休息时，又来了一条大蟒蛇，姑娘显然已无招架之力，情急之下大喊“救命”！

吴老三见状，连忙拉开弓箭，只听得“嗖”的一声，箭正射在大蟒蛇的三寸上，大蟒蛇挣扎了一会儿就不能动弹了。姑娘对吴老三深施一礼，十分感激地说：“多谢大哥救命之恩，我终身不敢忘记，谨赠您香丸一颗。”说完，从衣兜里取出一颗鸡蛋大的丸子。此丸子香气四溢，有麝香之味，吴老三不知何物，但觉得珍贵，便恭敬接过。姑娘说：“前几天，我的小鹿被恶狼咬伤，我向祖父要来两颗药丸，准备医治小鹿。这药丸有延年益寿、起死回生之效。”姑娘说完就走了。吴老三听后又惊又喜，捧着药丸高高兴兴地回家了。

吴老三的母亲把摘来的菇蕈放在锅里煮起来，房间里顿时香气扑鼻。母子俩一尝，味道简直美极了。此后，吴老三外出打猎时都背上一个篓子，经常采些菇蕈回来当主食。

有一次，吴老三不小心采回了毒菇，母亲吃后中毒倒地。吴三公发现后急忙取出姑娘赠送的药丸放在母亲鼻子前，母亲吐出了黑黑的饭粒，捡回了一条命。后来，吴老三就以米饭与采摘回来的菇同煮，以鉴定菇蕈是否有毒。采得多了，吴三公注意到，菇蕈都长在裸露的木头上，于是，就试着自己砍花栽培，发明了惊蕈法，成功栽培出了香菇，摸索出了一套山里人维持生活的绝技。

故事虽然都有些神化，但谁为百姓办了好事，百姓就永远惦记着他，菇神传说告诉我们的正是这个道理。

当年，龙、庆、景菇帮协会商定，每年农历六月二十四至二十八日在龙南乡下田村菇神庙开展庙会庆典活动（有现保存的三县菇帮协会抽厘收据印章为据），活动演出五昼夜，庙里请来戏班助兴，其间各地商人云集，饮食、瓜果、日用小商品摆满庙门、路旁。庙内香烟缭绕，瞻拜者川流不息，摩肩接踵。戏台上锣鼓喧天，三县菇民聚会，趁庙会之机打听菇树资源、商谈来年生意、交流制菇经验。祈愿大帝、三公显灵，保佑五谷丰登、种菇发财，祈祷龙、庆、景三县菇民香菇生意越做越大，向周边各省扩展。

每年农历九月廿八日是菇神五显大帝生日，又请木偶戏班来上演三天三夜。

“文化大革命”期间，龙泉县破“四旧”，菇神庙会活动被迫停止。之后，庙会陆陆续续举办过几年。2008 年，龙南乡党委将该庙会以节庆的形式固定下来，每年夏天在下田村举办“龙南乡香菇文化节”。

菇神庙会是“真正活着的民俗”，鸣炮、敬香、宣读祭文、花鼓戏、木偶戏、武术表演、山歌对唱等竞相登台，特色鲜明的文化活动吸引的不仅仅是广大菇民，还有大量来自外地的游客。

蕈出雁归时

白露三侯，鸿雁归，玄鸟去，群鸟养羞。

白露过后，秋风渐劲，宜兴地区的一种山珍美味也悄然现身，开始出现在美食家的餐桌上。这个山珍，就是“雁来蕈”。

雁来蕈，一种菌类，因其需要马尾松形成菌根，故多长于松林之间，又名“松乳菇”“松菌”。其生长条件十分苛刻，一般多在山区和丘陵地带，并且需要湿润的气候，所以地处江南丘陵地带的宜兴地区成为雁来蕈的产地。

到了时令，一场雨后，松林间便会冒出三三两两的菌落，通体褐色，带着青绿的藓斑，像极了一朵朵小伞。雁来蕈每年有两季生长采摘时节，其一为农历二三月，清明左右，彼时乳燕筑巢、桃花初开，因此民间也称其为“燕来蕈”“桃花蕈”；另一为农历九月，秋高气爽，重阳登高，所以又得名“三九菇”“重阳菌”。

三月产者，因气候转暖、温润多雨而生长迅速，多大盖者。九月产者，天气渐冷，物华收而藏冬，往往体型小巧。相比之下，反而是后者口感更为绵柔细嫩，鲜香更胜一筹。所以，此物以寒露时节松花落地时所生为最佳。再加上当地方言中“雁”“燕”读音相同，因此“雁来蕈”便成为本地人约定俗成的叫法。

猴菌菇、银耳、竹荪、驴窝菌、羊肚菌、花菇、黄花菜、云香信被称为“草八珍”。但雁来蕈的色、香、味岂是猴菌菇、花菇之流可比？要说珍贵，雁来蕈从来都是因为生长期短、生长环境苛刻而供不应求，价格居高不下，以至于民间都有“找到一片长满雁来蕈的松林就能发财”的说法。如此难得，与云香信的“长于沉香，闻雷而出”相比，也不遑多让。如此美味，却未入“满汉全席”的“草八珍”之列，实在令人扼腕不解。

据记载，雁来蕈在国内其他地区也有分布，江浙地区、湖北、江西均有出产，但是在以前，能让其作为食物登堂入室的，只有

雁来蕈

宜兴。其他地区的人们因雁来蕈外观朴实甚至有点丑陋，害怕有毒，都不敢尝试。当年东坡居士谪居蜀山时曾“嗜食”雁来蕈。

宜兴自古就是礼仪之乡，文化盛行，再加上物阜民丰华，少受战乱影响，人民有足够的时间和精力去钻研生活的格调与乐趣。也正因为这些，紫砂壶、乌米饭、雁来蕈这些才成为宜兴这座城市独特的魅力。

正因为这小小的饮食里面蕴藏着地区文化的传承，所以漂泊在外的宜兴人，不论身处何地，只要能尝到一口雁来蕈，那就回忆到了家乡的味道。

亚伦与蘑菇

很久很久以前，一个远离尘嚣的小村庄里有一位年轻的农夫，叫作亚伦。他勤劳善良，每天都辛勤地工作，但生活却一直平淡无奇。

一天，亚伦在森林里采集木柴时不小心迷失了方向，他徘徊在茂密的树林中，试图找到回家的路。就在快要绝望的时候，他突然发现一群闪闪发光的蘑菇。这些蘑菇散发出迷人的香气，吸引着亚伦的注意。

好奇心驱使下，亚伦小心地采摘了一些蘑菇，希望它们能帮助他找到回家的路。他将蘑菇放入篮子中，继续在森林中探索。突然，他看到一只小精灵从树后跳了出来。

小精灵告诉亚伦，这些蘑菇是森林中的神奇植物，它们拥有特殊的力量，如果亚伦能正确地利用这些蘑菇，他将获得一次实现愿望的机会。亚伦感到非常惊讶和兴奋，他决定好好利用这个机会。

回到家后，亚伦仔细研究了这些蘑菇，并根据小精灵的指导选择了其中一个。他小心翼翼地将蘑菇煮成汤，并在夜晚时分喝下去。就在他入睡的瞬间，他的梦境中出现了一位神秘的老人。老人告诉亚伦，他将获得一次实现愿望的机会。亚伦大喜过望，深思熟虑后许愿要获得财富和幸福。醒来时，他发现自己置身于

双孢菇

一个华丽的房子中，周围堆满了财富和珍宝。

亚伦过上了富裕而幸福的生活，他慷慨地与村庄的人分享财富，帮助他们改善生活。他的善行和慷慨赢得了众人的尊敬和爱戴。

亚伦也没有忘记蘑菇的力量和小精灵的帮助。他每年都会返回森林采摘一些蘑菇，并用它们帮助那些需要帮助的人。他将蘑菇的神奇力量传授给下一代，并告诉他们一定要善待大自然，与之共存。

从那时起，这个小村庄的人们都相信蘑菇是一种神奇的礼物，认为它们代表着希望、幸福和慷慨。每年的蘑菇季节，人们会举行盛大的庆祝活动，以纪念亚伦和他的蘑菇。

蘑菇不仅仅是一种食物，在民间传说中，它也被赋予了神奇的力量和象征意义。它们可以带来希望和幸福，并激励人们善待大自然和与之和谐相处。

艾丽丝与仙灵蘑菇

很久很久以前，一个遥远的村庄里住着一位年轻的女孩儿，她的名字叫作艾丽丝。艾丽丝勤劳善良，对大自然充满了好奇和敬畏。

一天，艾丽丝听说森林里有一种特殊的蘑菇，具有神奇的力量，被称为“仙灵蘑菇”，她决定去森林里采集一些。艾丽丝带上篮子和小刀，兴高采烈地走进了茂密的森林。

踏入森林时，艾丽丝好像进入了一个秘境。她小心地寻找着蘑菇，不时弯下身子检查地面。突然，她发现了一个美丽的红蘑菇，闪烁着微光，散发出迷人的香气。

艾丽丝小心翼翼地将蘑菇采摘下来并放入篮子。就在这时，她听到了一个微弱的声音：“谢谢你，艾丽丝。”她抬起头，惊讶地发现一个小小的蘑菇精灵站在她面前。

蘑菇精灵有着翅膀般的叶片，头上有一朵小小的花朵，散发着柔和的光芒。他告诉艾丽丝，她是第一个发现并尊重仙灵蘑菇的人。为了感谢她的善良和敬畏之心，蘑菇精灵决定赐予她一份特殊的礼物。

蘑菇精灵告诉艾丽丝，仙灵蘑菇拥有治愈的力量，能够帮助人们恢复健康和平衡。他递给艾丽丝一颗小小的仙灵蘑菇种子，

硫磺菌

并告诉她如何种植和使用。

艾丽丝回到家后按照蘑菇精灵的指示，将种子种在花园里的一个特殊角落。她细心地照料着它，让它得到充足的阳光和水分。经过一段时间的等待，仙灵蘑菇长大了。

艾丽丝学会了如何使用仙灵蘑菇，她将它们加入药草中煮成汤，用来治疗村民们的疾病和伤痛。人们发现，这种蘑菇能够缓解疼痛、提高免疫力，并带来内心的平静和安宁。

艾丽丝的善行传遍了整个村庄，人们开始尊重和珍惜蘑菇，将其视为一种神圣的植物。每年的秋天，村庄都会举行一场盛大的蘑菇庆典，人们齐聚一堂，感恩大自然的恩赐。

从那以后，艾丽丝和仙灵蘑菇的故事成了村庄的传说。人们相信，只有那些怀着善良和敬畏之心的人，才能与蘑菇精灵相遇并获得神奇力量。

香菇鼻祖吴三公

吴三公，又名“吴昱”，因排行第三，被菇民尊称为“吴三公”。宗谱载，“吴氏祖先于唐代由山阴（今绍兴）迁至庆元”，吴三公于宋高宗建炎四年（1130）三月十七出生在龙、庆、景之交的龙岩村。

相传，吴三公常入深山密林狩猎和采集野生菌蕈，在日积月累的观察中发现伐倒的阔叶木表皮被砍伤后，伤处常长出香菇，此法屡试屡验，这便是人工栽培香菇“砍花法”的由来。在生产实践中，吴三公还发现一些树木虽经砍花却多年不出菇，不知何故，无奈之下不禁仰天长叹，以斧猛敲，这一敲不要紧，却惊动了菌丝的萌发，数日后菇出如涌，此便是后世菇民不传之秘——惊蕈术。菇民感念他的功德，于宋度宗咸淳元年（1265）在后广盖竹兴建起“灵显庙”祀奉吴三公。而后，由于香菇业有较大发展，至清乾隆三年（1738），菇民们又在后广西洋村口兴建起吴判府庙祀奉吴三公父子，从此，菇民聚集的机会增多，互相交流制菇经验，使香菇产量急剧上升，菇民生活日益改善，前往菇神庙进香的人更加川流不息。由于原有古庙年代久远，简陋狭窄，容纳不下诸方前来的进香人士，至光绪元年（1875），由龙、庆、景菇民集资巨款，在吴判府庙之旧址上，重新建造了占地面积达1 200多平方米的菇神庙——西洋殿。该殿位于浙江省第二高峰的百山祖之下，坐落在百山祖自然保护区入口处——西洋村口，该殿主体建筑平面呈纵长方形，自南至北分别为照壁、石大门、倒座（戏房）、戏台、月台、中亭、正殿及厢房，还有附属建筑：东侧为观含敬音堂，西侧为庙祝舍、库房等。

吴三公不仅是龙、庆、景三县菇民的代表，也是世界人工栽培香菇的创始人。香菇从野生转变为人工栽培，至今已发展成全球性产业，给人类提供了新的蛋白质来源。

香菇之祖吴三公

四夫神菇传说

四夫人寨位于河北省曲周县西南部、大河道乡政府所在地大河道村西 1 公里处，分为“东四夫人寨”和“西四夫人寨”两村。“文化大革命”期间一度更名为“东风”“四新寨”。长久以来，当地村民种有一种鲜菇，因在东汉三国战乱时期用它制成药救过人命，所以当地村民称之为“四夫神菇”。

相传三国战乱时期，曹操大军战败，路过此地（曲周四夫人寨村），被火烧伤的曹兵痛苦难忍，当地村医便取出一偏方救治伤兵，“从地里采摘新生野菇，放上花椒，在水锅内烧开，慢火烧半晌，然后取汁，在烧伤处敷上三五次便好”，曹军个个称奇。为了感谢村医，曹军把一个山东金乡姓檀的十五六岁、烧伤较重的年轻人送给膝下无子无女的村医，作为义子为他养老送终。

又过了 100 多年，东晋末年，檀姓后辈中排行最小的四弟道济，因医术高超被当地人称为道济先生。他勇悍善战，跟随刘裕军队屡建战功，后升为太尉将军。义熙十二年（416），刘裕率军北伐，檀道济为先锋。一次战斗中，道济被敌军围困，粮草不足，军心浮动。为迷惑敌人，稳定军心，他以沙代粮，黑夜过斗计量，并高声喊号一斗、二斗……秋季温和凉爽的黑夜里下起了蒙蒙细雨，一下就是几天，地里长出一层层野蘑菇，因为道济会医术，知道什么蘑菇能吃，就派兵采摘野蘑菇用来充饥，军心大振，与秦兵大战，俘秦兵40余人。不久，刘裕代晋称帝，改国号为“宋”。宋文帝继位时封道济为陵郡公，威震北方。

松塔牛肝菌

道济死后，其妻何氏仍居此村。战乱期间，北方各旅士兵经过此村，檀四夫人将道济将军遗像挂出，各旅士兵见檀宅在此，皆不入村，村人免遭兵塞。四夫人死后，村人为纪念她，改村名为“四夫人城”，后又称“四夫人寨”。到了明朝万历年间，该村及第进士刘荣嗣把当地蘑菇带进了京城，作为珍稀药品送给皇上并作有“送之仙蕈到京城……”等诗句，使当地蘑菇开始广为流传。

蘑菇命案

故事发生在唐朝。有一个老汉为了补贴家用，经常上山采蘑菇，采到的蘑菇从来都不准家人吃。有一次，儿媳嘴馋偷偷尝了几口，结果引出了一桩风月案。

云中郡有一个叫荆老汉的农夫，半生孤苦，30岁才得以娶妻，成亲后没多久，妻子就抛下他和儿子远走他乡，再没回来。

荆老汉含辛茹苦地把儿子荆无命抚养长大，自己却成了一个糟老头，好在荆无命非常争气，20岁那年就考中进士，留京任官。荆无命当官后，因不忍跟同僚和上司同流合污而遭到排挤，一怒之下辞官归乡，做了一名教书先生。

机缘巧合之下，荆无命和镇上王富商的女儿王彩云相遇、相识、相知，二人互生情愫，很快就结为夫妻。二人成亲后恩爱和睦，共同侍奉荆老汉，小日子过得很滋润，不过好景不长，问题就暴露了出来。

王彩云嫁过来后降低了自己吃穿用度的标准，但荆无命那点微薄的收入依然不能满足她，为了能让儿子和儿媳的日子过得好一点，荆老汉经常到山上采蘑菇补贴家用。

一段时间后，家里的日子逐渐好了起来，王彩云却发现了不对劲，公公每次采蘑菇回来，都会熬一碗蘑菇汤给隔壁送去，而不让自己和丈夫食用。

有一天，荆老汉刚把蘑菇汤熬好，里长突然派人喊他过去商量事情，王彩云趁机走到厨房，拿起一把木勺舀起汤放进嘴里，一股鲜美的味道在嘴里弥漫开来，她一连吃了好几口，心中的疑惑也更重了。

这时，院外响起荆老汉的脚步声，王彩云连忙放下木勺，转身走出厨房。荆老汉跟她点过头后直接走进厨房。这时，王彩云突然感觉自己胃里翻江倒海。她走到猪圈，“哇”的一声将刚才吃掉的蘑菇汤全吐了出来。

这时，她的邻居计无实在院外跟她说：“王小姐身子果然娇弱，还是多喝点蘑菇汤补补吧，我妻子就每天给我做。”

王彩云闻言感觉抓住了什么，却又突然想不起来。她强忍着不适回到房中，丈夫回来后，立马将此事告诉了丈夫。

荆无命听后一阵沉思，然后让妻子跟自己描述汤里蘑菇的样

硬皮地星

子，王彩云仔细描述过后，荆无命眉头一皱说："坏了，那是毒蘑菇！"

王彩云一听面如死灰，觉得自己将不久于人世，直到荆无命跟她讲吐出来就好了，她才如释重负。这时，夫妻俩对视一眼，想想荆老汉每天送出去的蘑菇汤，再想想计无实说的话，一股不祥的预感在他们脑海中升起。

夫妻俩一同来到荆老汉的房间，然后向他询问蘑菇的事情。这时，隔壁突然传来一阵桌椅倒地的声音。荆老汉面色一变，立马冲了过去，荆无命夫妻俩不明所以，只能快步跟上。

三人到邻居家一看，计无实倒在地上口吐白沫，不住抽搐，很快就没了气。荆无命夫妻俩看着被摔到地上的蘑菇，面若寒霜。他们扭头看着荆老汉，荆老汉长叹一声，向他们道明了缘由。

原来，20 年前荆老汉的妻子刚离开时，他独自一人既要带孩子又要做活，常常手忙脚乱。这时，邻居家计无实的妻子王氏主动过来帮忙，二人接触多了就互生情愫，走到一起。这么多年，计无实一直被蒙在鼓里。直到一个月前，计无实突然回家，撞见了正在后院幽会的二人。荆老汉趁着夜色逃脱，回家后就产生了除掉计无实的想法。恰好这时家中经济吃紧，荆老汉上山采蘑菇的时候发现了一种慢性毒菇，他每日将毒菇熬成汤让王氏给计无实吃下，如今计无实终于毒发身亡。

荆无命夫妻俩听后唏嘘不已，大义灭亲，将荆老汉送到了衙门。后来，荆老汉被关入大牢，准备秋后问斩。荆无命夫妻俩也离开此地，再也没了消息。

女战士巧妙化解蘑菇中毒危机

1935年6月，长征中的红一方面军和红四方面军在懋功会师，党中央在毛儿盖召开了中央政治局扩大会议，决定分成右路军和左路军挥师北上。

中央红军干部休养连的四名女战士刘彩英、廖似光、邓六金、危秀英奉命留在沙窝，收容红一方面军掉队的伤病员，等整个部队过完再撤。

沙窝是藏民聚居的地区，群众听了反动派的宣传都躲进了山林。找不到老百姓，买不到粮食，她们几乎是靠吃野菜过日子。

四名女战士明确分工，刘彩香、邓六金、廖似光三人每天负责采野菜，危秀英到群众家做宣传工作。

有一天，危秀英走了好多个村庄都没有见到藏胞，天快黑了才找到一个看家的老大爷和一个十多岁的小男孩。

危秀英非常高兴，热情地向他们讲起红军的宗旨。可是语言不通，她说了半天，老大爷都没有听懂她的意思。

幸好那个男孩略懂汉语，做了临时翻译，能把大致的意思讲给爷爷听。老大爷听懂了红军是为老百姓服务的，虽是汉人，但跟国民党的军队完全不一样，是有严格纪律约束的革命军队。

老大爷不住地点头，再上下打量危秀英，果然像一个老百姓，才放心地让男孩子把山上的群众叫回来。

不一会儿，山上的藏胞赶着大批羊群回来了，友好地跟女红军打招呼。

藏民对自己的军队是很热情的，老大爷邀请危秀英进屋去坐，还拿出一块干牛肉和一些土豆，拨开地灶的火灰放进去烧熟请危秀英吃。

危秀英虽然又饿又渴，但她身上没有带钱，不能随便吃老百姓的东西，一再推辞。老大爷着急，咕噜了一阵，看样子是在生气。那个小男孩儿翻译说："不吃就是瞧不起我们藏民。"

话说得那样重，危秀英为难了，灵机一动，装起肚子疼来，一边向老大爷道谢，一边捂着肚子离开了老大爷家，朝驻地走去。危秀英是假肚子疼，没想到驻地真有几个女红军肚子疼得昏了过去。

危秀英走进住屋，邓六金、廖似光、刘彩香 3 人和哨兵、通讯员已经全部躺下了。

危秀英点着灯一看，桌上还留给她一碗黑乎乎的蘑菇汤。她实在饿坏了，端起碗就喝了一口。无油无盐，还苦涩得很，没法下咽，她连忙吐了出来。

放下碗，她也想躺到地铺上去睡，可是刘彩香占了她的位置，她躺不下身子去，便用脚拨了一下刘彩香，轻轻地说："彩香，你睡过去一点儿。"可是刘彩香仍然躺在那里，没有一点儿动静。

危秀英又放大一点声音说："彩香，彩香，给我让点儿地方！"刘彩香还是一动不动。

危秀英感觉不对劲儿，忙将她抱坐起来，灌水给她喝。灌了

红笼头菌

四五口，刘彩香才睁开眼睛，又灌下几口，才完全醒转过来。见是危秀英，她“唉”地叹息一声，有气无力地说：“秀英，我们吃了蘑菇，中毒了！”

都中毒了，这还了得？危秀英顿时心急如焚。好在她懂得一点简单的救护知识，马上开始救治中毒人员。

她迅速地把大家的水壶集中起来提到河沟里灌满了水，回来放上一点高锰酸钾和醋，灌进廖似光、邓六金、刘彩香的嘴里，她们翻肠倒肚地将胃里的东西吐出来后终于清醒过来。危秀英又去解救了其他同志。在那样艰苦的条件下，红军缺医少药，但女战士有女战士的智慧，危秀英靠着急中生智，成功化解了这场蘑菇中毒的危机。

解放战争中的“蘑菇战术”

蘑菇战术，是毛泽东在人民战争的基础上，根据陕北革命老区良好的群众条件和有利的自然地形及敌强我弱的战略态势，在长期领导中国革命战争的实践中创造出的一种独特战法。

1947年4月15日，毛泽东在《关于西北战场的作战方针》中，对这一战法概念做了详尽阐述：（一）敌现已相当疲劳，敌粮已相当困难，尚未极端困难。我军自歼敌第三十一旅后，虽未大量歼敌，但在20天中已经达到使敌相当疲劳和相当缺粮之目的，给今后使敌人十分疲劳、断绝粮食和最后被歼造成有利条件。（二）目前，敌之方针是不顾疲劳粮缺，将我军主力赶到黄河以东，然后封锁绥德、米脂，分兵清剿……（三）我之方针是继续过去办法，同敌在现在地区再周旋一时期（1个月左右），目的在使敌达到十分疲劳和十分缺粮之程度，然后寻机歼之。我军主力不急于北上打榆林，也不急于南下打敌后路，应向指战员和人民群众说明，我军此种办法是最后战胜敌人必经之路。如不使敌十分疲劳和完全饿饭，是不能最后获胜的。这种办法叫“蘑菇战术”，将敌磨得精疲力竭，然后消灭之……

蒋介石向我解放区发动的全面进攻失败后，于1947年春改为对我陕甘宁和山东解放区进行“重点进攻”。蒋以其嫡系胡宗南部队 20 个旅为主力，集结 34 个旅共 25 万人马，妄图一举占领延安，将我军主力赶过黄河以东，或北上绥蒙沙漠地带，扭转其“全面进攻”的失败局势。此时，西北地区我军主力只有 2.5 万余人，敌我兵力之比是 10：1，而且我军装备差，弹药少。面对敌强我弱和敌人的疯狂叫嚣，毛泽东深谋远虑，及时准确地估量了敌我态势，主动放弃延安，并在 1947 年 3 月 16 日组建西北野战兵团，任命彭德怀为司令员兼政治委员，习仲勋为副政治委员，统一指挥陕甘宁边区所有部队的作战。从 3 月 19 日撤出延安的 1 个多月时间里，毛泽东指挥西北野战兵团避开敌人的正面攻势，发挥我军熟悉地形特点和广大人民群众站在我们这边的优势，充分利用陕北的山涧沟壑同敌周旋，用蘑菇战术和军事辩证法，高瞻远瞩、挥洒自如地在辽阔的西北战场导演了以少胜多、以弱胜强、三战三捷的战争史剧。

兵不厌诈，一战青化砭

1947 年 3 月 19 日毛泽东撤出延安时，充分利用敌军急于寻找我主力部队决战的心理，指示彭德怀和习仲勋派少部兵力，带上西北解放军所有部队番号的路标，佯装向安塞一带撤退，把敌人主力部队引到安塞，而我军主力 6 个旅则集结在青化砭待机歼敌。毛泽东的决策果然奏效，胡宗南认为我主力向安塞方向撤退，所以命令 5 个旅 5 万人的兵力向安塞追击，只派出整编第二十七师之第三十一旅（缺一个团）计 3 000 人向青化砭搜索警戒。这时，我军正按毛泽东的指示到达预伏圈。3 天过后还不见敌军到，一些人开始着急，但彭德怀坚信毛泽东的指示不会错，敌人肯定会来的。3 月 25 日，胡宗南的三十一旅果然进入预伏圈内，我军出其不意地发起猛烈进攻，经过 1 小时战斗就将其全歼，并活捉旅长李秀云、副旅长周贵昌、参谋长熊宗继。此战歼敌 2000 余人，取得了我军撤离延安后使用蘑菇战术与胡宗南展开的第一场胜利。

妙算敌情，二战羊马河

青化砭一战，胡宗南丧胆丢魂，为避免再被我军各个击破，他又集中 10 个旅左右的兵力，采用宽正面的集团逐山跃进的办法寻我主力作战。当发现我军在蟠龙地区休整时，他急忙组织 9 个旅经瓦窑堡前来包抄合击。毛泽东仔细分析了敌情，预计前来包围合击的敌第一三五旅很可能经过瓦窑堡、蟠龙大道，我军在羊马河地区设伏就可以歼灭敌人，打破胡宗南合围我军的战役意

马鞍菌

图。据此，毛泽东在 3 月 26 日电告彭德怀、习仲勋：

> （一）庆祝你们歼灭三十一旅主力之胜利。此战意义甚大，望对全体指战员传令嘉奖。（二）一三五旅可能向青化砭方向寻找三十一旅，望准备打第二仗。（三）毛于昨日已与中央各同志会合。

根据毛泽东寻机歼敌的指示，彭、习指挥西北野战兵团主力埋伏在瓦窑堡以南 5 里外至羊马河大道两侧，以精干小部队坚决抗击援敌于羊马河以南（羊马河离瓦窑堡仅 15 公里）。4 月 14 日，敌一三五旅沿瓦窑堡、蟠龙大道两侧高地南下，上午 10 时许进入我军包围圈。我军迅速合拢，紧缩包围圈，到下午 4 时，全歼敌军 4700 人，活捉旅长麦宗禹、少将参谋主任朱祖舒、少将政治部主任王文之，在西北战场首创了全歼胡宗南一个整旅的范例。

诱敌北上，三战蟠龙

羊马河伏击战大捷后，胡宗南寻我主力作战连连扑空，敌人已被掌握了毛泽东蘑菇战术兵法思想的我军和陕北民众磨至精疲力竭、饥饿难耐。毛泽东根据胡宗南不顾疲劳缺粮也要将我军主力赶到黄河以东，然后封锁绥德、米脂，分兵“清剿”的作战方针，指示我后方机关佯作东渡黄河转移，又令西北野战军一部兵力诱敌北犯。不出毛泽东所料，连遭败绩的蒋介石在南京也坐不住了，他错误地判断中共中央和西北解放军主力正在东渡黄河，随即命令胡宗南迅速沿咸（阳）榆（林）分路北进，第二十二军由榆林南下，企图夹击歼灭我军于佳县、吴堡地区，或逼其东渡黄河。胡宗南接蒋令后，遂以小部兵力固守后方补给站蟠龙镇，以主力 9 个旅北上绥德。

得知胡宗南主力北上后，毛泽东在 4 月 30 日起草了给彭、习的作战电报：

经过精密之侦察，确有把握，方可下决心攻击瓦窑堡或蟠龙，如无充分把握，以不打为宜，部队加紧休整，以逸待劳，准备运动中歼敌。

彭德怀收到毛泽东的电报后，于 5 月 3 日拂晓攻击蟠龙一线敌军，并将战况电告。

毛泽东接电后，立即给彭、习发电：

（一）江未电悉。俘敌六百，甚慰。敌主力似在绥米地区有数天停留，至少一星期才能返抵蟠龙。我军如能在一星期内攻克蟠龙，即可保持主动。胡宗南已令张新率二十四旅一部（可能是一个团）增援，望注意……

接到毛泽东的电报后，彭、习指挥西北野战兵团第一纵队主力、第二纵队独立第四旅、新编第四旅、三五九旅主力，于 5 月 2 日黄昏发起攻击。经过两天攻坚战，于 4 日午夜打下蟠龙镇，全歼守敌一六七旅及所属保安团，共计打死打伤敌人 6 700 余人，活捉敌旅长李昆岗、副旅长涂建、参谋长柳届春，还缴获军衣 4 万套、面粉 1.2 万袋、骡马 1 000 余匹和大量武器弹药。

陕北三战三捷，充分体现了毛泽东高超的指挥艺术，同时进一步揭示了蘑菇战术乱敌心志，使其由傲变躁、由躁而乱、乱而出错的优势，成为人民战争的汪洋大海中纵横驰骋的制胜妙招。

周恩来巧赠“蘑菇云”当国礼

周恩来总理日理万机、殚精竭虑、鞠躬尽瘁，为新中国的外交事业发展立下了不可磨灭的功勋。在他数十年的外交赠礼中，可以称为经典并被后世传诵的，要属他独具匠心地巧把1964年金秋十月新中国第一颗原子弹爆炸的照片——“蘑菇云”，当作奇特的礼物赠送给友邦多国，这充分展现了礼轻情义重的中华文化。

对原子弹的成功爆炸，国人引以为豪，并欲与友好国家分享这份成功的喜悦，原子弹爆炸照片自然成为珍贵的外交礼物，周恩来正是这一精妙创意的推动者和实践者。他把这套照片作为珍贵的外交礼物，直接或间接地送给了印尼总统苏加诺、马里总统莫迪博·凯塔、阿尔巴尼亚领导人霍查、越南领导人胡志明、朝鲜领导人金日成。罗马尼亚领导人也收到过这套照片。这些国家都是当时与中国关系交好的国家。时任外交部长陈毅根据周恩来的指示，也给一些外国友人赠送过这套照片，起到了很好的宣传作用，也着实让中国人在国际社会上扬眉吐气了一把。

不仅如此，周恩来还要让这套新中国原子弹爆炸试验成功的照片发挥更大的作用。1964年10月18日，中国共产党和中国人民的老朋友、《西行漫记》的作者埃德加·斯诺，为了实地了解中国人民克服前进道路上的困难所取得的种种成就，以法国《新直言》周刊记者的身份再次踏上中国的土地访问。

周恩来会见了斯诺，他非常高兴。针对斯诺此次访问的计划，周恩来建议说：“你的要求太广泛了。你要求见那么多人，但是谈问题还是找那些掌握第一手材料的人去谈好。”

当斯诺向周恩来提出希望能采访到负责这次核爆炸的具体官员的要求时，周恩来毫不避讳、实话实说：“在原子弹这个问题上，我是掌握第一手材料的人。”

的确，周恩来是新中国原子能事业的决策者和组织者，他名副其实地掌握了原子弹的第一手材料。颇有职业敏感的斯诺听完周恩来这两句话，两眼闪出兴奋的光。他马上问道：“你今天所

原子弹爆炸后产生的“蘑菇云”

讲的，是供我做背景材料呢，还是可以发表？”自从1936年相识以来，周恩来与斯诺达成了一种默契，每次谈话后，斯诺总要问明，他们的谈话哪些内容可以公开发表，哪些内容不宜立即公布。有时，斯诺还把自己整理的谈话记录送交周恩来审定，他完全尊重周恩来的意见。周恩来也信任斯诺，谈话的内容总是很轻松，这常常使得斯诺可以获知一些其他驻华外国记者难以得到的“内部消息”。那些外国驻华记者因此对斯诺羡慕不已，经常向他打听“内部消息”。

周恩来明确告诉斯诺：“你可以写文章。”接着又故意逗笑说，“恐怕不能等到写在书里吧？”斯诺高兴地笑了。这样的特号独家新闻，斯诺太知道它的时效性和轰动性及重大意义了。

“我今天和你谈话只能1个小时了，三两天内再找个机会和你谈谈。可是我声明，是要在夜间12点以后。”斯诺很乐意地连连点头说：“OK！”

周恩来举杯向斯诺示意：“这次你回去，美国国务院一定要你向他们报告。”“不一定，可能又要在4年以后。”斯诺这样说是根据前次的经历。1960年斯诺访问中国回去后，美国国务院有关负责人只与他漫不经心地谈了12分钟。4年以后，新的国务院负责人才又重新找斯诺去谈他在中国的访问印象。

“这次不会，时代变了。”周恩来肯定地说，“美国国务院原来说中国爆炸了一个小的东西，没有什么意义。可是，三四天后就改了口气，现在又说这颗原子弹可能比他们扔在广岛的那颗还要先进。”斯诺说：“我过去去延安，在窑洞里访问你们的时候，怎么也没想到你们今天能爆炸原子弹。你们都会打扑克吗？

我今天正在想，你们手中拿了一手好牌。你们手中有一张 K（指当时阿富汗国王来访），两张 Q（指来华访问的阿富汗王后和布隆迪王后），一张 J（指来华访问的怡和洋行的董事长凯瑟克），并且又向桌子上打出了一张 A（指原子弹）。”

周恩来亲手把 12 张中国原子弹爆炸的照片交给了他，要他不要等了，当天晚上就回瑞士，在中立国家的中立报纸上发表这些照片。

第二天，倍感荣幸的斯诺小心翼翼地带着这些珍贵的第一手资料和周恩来的嘱托回到了日内瓦，在瑞士报纸上发表了这 12 张照片。

随即，西方的报纸纷纷转载这些照片和报道，“中华人民共和国成功爆炸了第一颗原子弹”的重大事件，就这样再次轰动了全世界。

聂荣臻的坚韧之道与蘑菇乡梦

若论开国初期的军事元勋中谁是最为命运眷顾的人，聂荣臻元帅无疑是其中的佼佼者，可谓是一员“福帅”。在动荡不安、硝烟弥漫的年代，战友们或多或少都曾在枪林弹雨的洗礼中受过或轻或重的伤，而他却只是偶尔受了一些轻微的皮外伤。然而，岁月不饶人，随着晚年的临近，聂荣臻元帅也开始感受到时间留下的痕迹，一些伤病逐渐显现。

聂荣臻与女儿在河北阜平合影

1981 年初秋，聂荣臻元帅的身体状况因病急转直下，即使用抗生素治疗也并未带来预期的效果，反而引起诸多并发症，他不得不入院进行紧急治疗，主治医生还向家属发布了病危通知书，可谓凶险至极。

在当时紧张的国内外形势下，人们都非常牵挂聂荣臻元帅的身体情况。在医护团队的不懈努力和他个人顽强意志的支撑下，奇迹出现了。4个月后，他的身体开始恢复，重新回到家中休养。尽管不能做剧烈活动，但他仍不时外出漫步，与人交谈，甚至不顾身边人的劝阻，尝试参与农事活动。

在一次与门口的警卫战士闲聊中，聂荣臻元帅得知一个战士的家乡通过种植蘑菇致富的事。他深思熟虑后认为，对战士们进行蘑菇种植培训是一项非常有意义的事情。他相信，这将为退伍后的战士多提供一项谋生的实用技能，确保他们在未来的生活中自力更生。

基于此，聂荣臻元帅开始满怀热情地筹备蘑菇培训活动，他亲自为战士们准备了蘑菇菌种和培养所需的材料，甚至在一间房子里搭建了临时的种植场地。

在他亲自安排下，战士们开始学习种植蘑菇的相关知识。最开始，种植效果并不理想，小蘑菇刚冒出土就不明原因地枯萎了。聂荣臻元帅毫不气馁，决心找出问题的根源。他购买了蘑菇种植专业书籍，并向农业专家请教，逐渐掌握了温度、湿度等蘑菇生长所需的关键条件。

历经多次失败，聂荣臻元帅和战士们种植的蘑菇终于获得了大丰收。这次成功的种植经历不仅为战士们增加了新的技能，还大大激发了他们对未来生活的信心。

后记

即将合上《菌菇杂记》书稿的这一刻，我们心中满是感慨与欣慰，如同一位辛勤耕耘的农民，终于迎来了丰收时刻。从最初萌发梳理河北食用菌产业发展脉络的想法，到历经无数日夜的资料搜集、实地考察与反复修改完善，这个过程就像培育食用菌需要经过孢子萌发、菌丝体生长、出菇、孢子释放与采收的过程，饱含着苦尽甜来的心血与如释重负的期待。

在编纂过程中，我们走遍了河北省内最主要的食用菌产区。比如，当我们走进平泉的香菇种植基地，空气中弥漫着的浓郁的菌香扑面而来，菇农们脸上洋溢着丰收的喜悦；阜平的食用菌园区内，现代化的智速繁育中心高效运转让人眼花缭乱，见证着科技为产业带来的叹为观止的变革；当我们深入迁西的栗蘑种植区，看到独特的地理环境孕育出高品质的栗蘑，当地科研人员的专注与执着令人动容。这些实地走访，让我们真切感受到河北食用菌产业蓬勃发展的生机与活力，也为本书积累了大量宝贵的参考资料。

党中央在实施乡村振兴战略过程中，提出了“树立大农业观、大食物观，…… 构建多元化食物供给体系”的任务目标，发展食用菌产业不仅关乎国家食品供应安全，也对发展现代农业、增加农民收入、满足人民群众日益增长的健康饮食需求等具有重要意义。河北食用菌产业的发展，离不开政策的大力支持，省委省政府高度重视，出台一系列扶持政策，推动食用菌产业规模化、标准化、品牌化发展。全省各地政府积极响应，从基础设施建设到技术培训，从品牌打造到市场拓展，全方位为食用菌产业发展保驾护航。

《菌菇杂记》是提升河北农业品牌和农耕文化影响力的又一力作，既为我省深入开展耕读教育再添一部可读性强、科普意义大、文艺价值高的读本，又为宣传河北农业特色品牌、深入推动乡村振兴战略实施、促进农文旅产业融合发展提供积极助力。

《菌菇杂记》一书的成功问世，是众志成城、集体智慧的结晶，得益于河北省农业农村厅的有力指导，河北省农业品牌建设中心的统筹协调，以及省政协、河北大学、河北农业大学、河北日报有关同志的辛勤付出。在此，我们还要对给予这部书积极帮助的河北大学出版社有限责任公司、承德供销集团有限公司、平泉市政协，以及白中龙、吕辉、石玉新等同志，致以由衷的感谢，是你们的鼎力支持让本书得以以更完美的姿态呈现。

尽管我们在编纂过程中尽了最大的努力，但受专业和文字水平所限，书中可能仍存在一些不足之处，恳请各位专家学者、广大读者批评指正。

《菌菇杂记》虽已完稿，但河北食用菌产业发展更加可期。希望本书能成为一面镜子，映照出产业发展的过去与现在；更希望它能化作一颗种子，在燕赵这片充满希望的土地上，孕育出更加辉煌的未来，助力河北食用菌产业继续做大做强，为奋力谱写中国式现代化建设河北篇章做出积极贡献。

编者

2025 年 5 月